機関科四・五級
執　務　一　般
3訂版

海技教育研究会　編

成 山 堂 書 店

3訂版にあたって

　本書は最初，乙種機関長・士の受験参考用に「乙種執務一般」として出版された。

　1983年に，「1978年の船員の訓練及び資格証明並びに当直の基準に関する国際条約（STCW条約）」の批准と，船員制度近代化の推進という二つの目的をもって，船員法と船舶職員法が大幅に改正され，海技従事者国家試験（現「海技士国家試験」）の科目細目も大幅に改正され，新しい海技資格制度が始まった。本書も内容を全面的に改め，書名を「4・5級海技士執務一般」とした。

　2003年に大型の船舶職員と小型の船舶操縦者とを分離し，法律の題名が「船舶職員及び小型船舶操縦者法」に改正され，海技士については，船舶職員として船舶に乗り組ませるべき者の資格を定め，もって船舶の航行の安全を図ることを目的としている。

　また，地球温暖化対策とともに海洋汚染規制及び大気汚染規制が強化されるようになった。注目すべき点は，世界の全海域（内航船と外航船の差がないことを意味する。）での船舶燃料油の硫黄分規制が2020年から強化され，一般海域における硫黄分の濃度は質量百分率が，0.5%以下（SO_x規制適合油）となった。低硫黄重油を使用するにあたり，燃料の性状変化に対して適切な対策を実施することが求められる。

　本書は幾度か改訂を重ねてきたが，増刷を機に内容及び用字用語等を見直し，今回書名を「機関科四・五級　執務一般　3訂版」として発刊の運びとなった。

　本書によって四・五級海技士（機関）を目指す方が，海技試験科目「執務一般」に合格されることを切に祈念する。

2021年8月

　　　　　　　　　　　　　　　　　　　　　　3訂版編者しるす

目　次

第1章　当直，保安及び機関一般

第2章　船舶による環境の汚染の防止

第3章　損傷制御

第4章　船内作業の安全

第5章　海事法令及び国際条約

第1章　当直，保安及び機関一般

第1節　入渠工事

§1.　入渠前の注意

1.　入渠中における工事概要及び本船側による作業予定を乗組員に周知徹底させ，作業の能率向上を期すること。

2.　船内各部や工場との連絡を密にしておくこと。

3.　入渠中は重量物の移動を避けなければならないので，必要なものについては入渠前に移動を完了しておくこと。

4.　船体の傾斜を防ぐためにタンク内の燃料油や清水などを両舷平均にしておくこと。

5.　船内のビルジを完全に排除しておくこと。

6.　消火器や消火装置は直ちに使用できるように点検の上，配置しておくこと。

§2.　入渠中の一般的注意

1.　重量物の移動は避けなければならないが，修理その他で移動の必要がある場合は船長又は一等航海士に報告した後に行うこと。

2.　作業中の災害の防止には常に注意し，足場や照明等にはたえず配慮すること。

3.　主機をターニングする場合はプロペラ周辺に注意し，船外との連絡はその都度行い，了解の上で回転させること。

4.　入渠中でなければ点検できないプロペラ，プロペラ軸，船尾管，船底弁，船外弁及び船底プラグ等の状態を確かめた上，記録し，手入れや取替えをすること。

5. 工場側の作業と本船側の行う作業とが邪魔しあわないように特に注意し，工場側の作業についても，よく監督し状態を確かめておくこと。

6. 入渠中は火気に注意すること。

7. 入渠中は油，水，じんあいや汚物を渠内に捨てないこと。

8. 盗難に注意し，使用しない計器や予備品などは倉庫内に格納し，施錠しておくこと。

§3.　出渠するときの注意

1. 張水する前に機関室内を巡回し，プロペラ，船底弁，船外弁，各タンクの船底プラグ等の状況を点検確認する。

2. 張水されて船が浮上したときに傾斜しないように重量物の移動に注意し，必要があれば固縛する。

3. 従来の海水潤滑式船尾管の場合はグランドパッキンが確実に挿入され，グランドが適当に締め付けられていることを確かめる。端面シール式船尾管の場合は確実に組み立てられていることを確認する。

4. 張水中は航海士と密接な連絡をとりつつ船底弁，船外弁，船尾管の付近に配員して，船体が完全に浮上するまで厳重な警戒態勢をとる。

第2節　当直業務

§1.　[*1]運輸省告示に示す機関部における航海当直基準に関する事項

1. 総　則

(1) この告示（最終改正：平成25年3月1日国土交通省告示第158号）は，1978年の船員の訓練及び資格証明並びに当直の基準に関する国際条約の規定に準拠して，航行中の当直及び停泊中の当直（以下「航海当直」という。）を実施するときに遵守すべき基本原則を定めるものとする。

---

*1　運輸省の名称は，2001年の中央省庁再編により，国土交通省に変更されている。

(2)　航海当直の実施に当たっては，次に掲げる事項に十分に配慮すること。

①　当該船舶及び周囲の状況に応じて適切に航海当直を実施することができるような当直体制をとること。

②　航海当直中の者の能力が疲労により損なわれることがないこと。

③　航海当直をすべき職務を有する者が十分に休養し，かつ，適切に業務を遂行することができる状態とすること。

④　船長は，船内に帳簿を備え置いて，休息時間に関する事項を記載しなければならない。

　　（休息時間についての詳細は省略する。）

⑤　航海当直をすべき職務を有する者が，酒気を帯びていないこと。

⑥　船長は，航海当直予定表を定め，これを船員室その他の適当な場所に掲示しておくこと。

⑦　航海当直中の者に航海当直以外の業務に従事させることにより航海当直に支障が生じることがないようにすること。

⑧　船長は，各部の長が航海に必要な物品を決定するに際し，その協議に応じること。

2.　航行中の当直基準

(1)　機関長は，船長と協議の上，次に掲げる事項を十分に考慮して機関部の当直体制を確保すること。

①　船舶の用途並びに機関の種類及び状態

②　気象及び水域の状況，非常事態，機関の損傷の防止，汚染の除去等のために必要とされる特殊な操作方法

③　機関部の当直をすべき職務を有する者の能力及び経験

④　人命，船舶，積荷及び港内の安全並びに環境の保護

⑤　船舶の機関の正常な運転の維持に関する次の事項

　イ　機関を適切な監視の下に置くこと。

　ロ　遠隔制御される主機及び操舵装置並びにこれらの制御装置の状態及び信頼性並びに当該制御の場所及び緊急の事態において手動操作にす

　　　るための方法

　　ハ　消火設備の位置及び操作方法

　　ニ　補機及び非常設備の操作方法

　　ホ　機関の効率的な運転を維持するために必要な操作

　　ヘ　特殊な航行状況が当直に及ぼす影響

(2)　機関長は，機関部の当直を行う職員が当直中に行うべき整備，応急操作及び修繕措置に関する情報を把握できるように措置しておくこと。

(3)　機関部の当直を行う職員は，機関長が機関区域にいる場合にあっても，機関長が当直を引き受けることを相互の間で明確に確認するまでは，当該当直に係る責任を有するものとして，当直を行うこと。

(4)　機関部の当直を行う者は，自己の任務について精通するとともに，次に掲げる事項についての知識及び能力を有していること。

　　①　船内連絡装置の使用

　　②　機関区域からの脱出経路

　　③　機関区域の警報装置

　　④　機関区域の消火設備

(5)　機関部の当直を行う職員は，次に掲げるところにより当直を維持すること。

　　①　機関を安全かつ効率的に操作し，及び維持するとともに，必要に応じて機関長の指揮の下に機関及び諸装置の検査及び操作を行うこと。

　　②　定められた当直体制が維持されることを確保すること。

　　③　当直を開始しようとするときは，あらかじめ機関の状態を確認すること。

　　④　機関が適切に作動していないとき，機関の故障が予想されるとき又は特別の作業を必要とするときは，これに対してとられた措置を確認するとともに，必要に応じてとるべき措置の計画を作成すること。

　　⑤　機関区域が継続的な監視の下にあるよう措置すること。

　　⑥　機関区域及び操舵機室を適当な間隔をおいて点検するよう措置するこ

と。

⑦　機関の故障を発見したときは，適切な修理を行うよう措置し，予備の部品の保有状況を確認すること。

⑧　機関区域が有人の状態にある場合には，船舶の推進方向及び速力の変更の指示に応じて，主機を迅速に操作できるよう措置すること。

⑨　機関区域が定期的な無人の状態にある場合には，警報により直ちに機関区域に行くことができるよう措置すること。

⑩　船橋からの指示を直ちに実行すること。

⑪　船舶の推進方向又は速力の変更を記録すること。ただし，曳船その他の推進方向又は速力を頻繁に変更する船舶であって当該記録を行うことが困難であると認められるものについては，この限りでない。

⑫　全ての機関の切り離し，バイパス及び調整を責任をもって行い，かつ，実施した作業を記録すること。

⑬　非常事態等船舶の安全を確保する必要が生じた場合には，機関区域においてとる緊急措置を直ちに機関長及び船橋に通報し，必要に応じて緊急措置をとること。この通報は，可能な限り，当該措置をとる前に行うこと。

⑭　機関室が機関用意の状態にある場合には，用いられる全ての機関及び装置を利用可能な状態に維持するとともに，操舵装置その他の装置に必要な予備動力を確保すること。

⑮　機関区域の設備が必要に応じ直ちに手動操作に切り替えることができる状態にしておくこと。

⑯　航海の安全に関して疑義がある場合には，機関長にその旨を連絡すること。さらに，必要に応じて，ためらわず緊急措置をとること。

(6)　機関部の当直を行う部員は，機関を安全かつ効率的に操作すること。この場合において，必要に応じて，直ちに職員に連絡し，その指示を受けること。

〈当直の引継ぎに関する基準〉

(1)　当直を引き継ぐ職員は，次に掲げるところにより当直を引き継ぐこと。

　①　引継ぎを受ける職員が明らかに当直を行うことができる状態ではないと考えられる場合には，当直を引き継がず，かつ，機関長にその旨を連絡すること。

　②　当直を引き継ぐ前に機関に関する全ての事項を適切に記録すること。

(2)　当直の引継ぎを受ける職員は，引継ぎに際し，次の事項を確認すること。

　①　船内の装置及び機関の操作に関する機関長の命令及び指示事項

　②　機関及び諸装置に関して実施中の作業の状態

　③　ビルジ等の状態

　④　予備タンク及びセットリングタンクその他の燃料タンクの状態

　⑤　主機及び補機の状態

　⑥　諸装置の状態

　⑦　気象及び水域の状態

　⑧　機関に関する記録

3.　停泊中の当直基準

(1)　機関長は，船長と協議の上，機関部の当直体制を確保すること。

(2)　機関部の当直を行う職員は，次に掲げるところにより当直を維持すること。

　①　非常事態の発生等船舶の安全を確保する必要が生じた場合には，機関長に通報するとともに緊急措置をとること。

　②　適当な間隔をおいて船内を巡視し，機関及び諸装置の故障を発見したときは，適切な修理を行うこと。

〈当直の引継ぎに関する基準〉

　当直を引き継ぐ職員は，次に掲げるところにより当直を引き継ぐこと。

　①　航海の引継ぎを受ける職員が明らかに航海を行うことができる状態ではないと考えられる場合には，当直を引き継がず，かつ，機関長にその

旨を連絡すること。

②　当直を引き継ぐ前に，機関に関し全ての事項を適切に記録すること。

③　当直の引継ぎを受ける職員に，次に掲げる事項を引き継ぐこと。

　イ　機関長からの命令及び指示事項

　ロ　機関及び諸装置に関して実施中の作業の状態

　ハ　ビルジ等の状態

　ニ　消火設備等の準備状況

　ホ　機関の修理等に従事する者の職務及び作業場所

　ヘ　非常事態の発生等船舶の安全を確保する必要が生じた際又は環境汚染が発生した際の陸上機関との通信連絡方法

　ト　イからヘに掲げるほか，人命，船舶，積荷，港内の安全及び環境を保護するために必要な事項

§2.　乗船時の一般的注意

　新しく機関士として船に乗り組んだ場合，又は交代機関士として乗り組んだ場合は，次のような事項について，前任者から詳しく引継ぎを受けなければならない。

(1)　本船の行動予定

(2)　船長をはじめ他の乗組員の状況

(3)　防火，防水設備状況，救命設備の位置及び非常配置の分担（非常配置表）

(4)　各種警報装置，船内通信装置の状況とそれらの使用方法

(5)　当直等通常配置（通常配置表）及び職務分担

(6)　担当機器の状況（新造時以来の主な修理，改造，運転時の特徴，検査結果の模様及び今後の調整，修理予定などの来歴）

(7)　主機関，補助ボイラ及び主要補機などの現状とそれらの取扱い注意事項

(8)　燃料，潤滑油，備品，一般消耗品の保有在庫状況

(9)　機関日誌，記録簿，取扱説明書，図面等の保管状況

§3.　当　直

1.　当直交代時の引継ぎ（航海当直基準の当直の引継ぎに関する基準参照）

　　航行中の当直交代をする場合，次直者は交代時刻 15 分前に機関室に入り，前直者から次の事項の引継ぎを受けるとともに，自らもそれらの現状を点検確認すること。

(1)　主機関の使用回転速度，主要補機の運転状況

(2)　使用中の燃料タンク，清水タンク及びビルジの現状

(3)　船橋からの連絡事項，機関長からの命令事項

　　停泊中の当直交代時に前直者から引き継ぐ事項は，次のとおりである。

(1)　機関部の作業あるいは工場などによる修理作業の概要

(2)　補助ボイラ，発電機その他補機類の使用状況

(3)　機関部員の動静

(4)　甲板部及び会社その他外部からの連絡事項

2.　航行中の当直中の注意事項

　　機関部の当直を行う職員は，主機関，補機の故障あるいは火災，浸水その他の非常事態に対し臨機応変，かつ，機敏に適確な措置が取れるだけの技能を備えていなければならない。このためには，主機関，補機類の構造と一般配管状況はもとより，船内構造設備，連絡通信方法などにまで精通していなければならない。当直中の一般注意事項は，次のとおりである。

(1)　定められた運転諸元に従い，機関を効率よく運転するように努める。

(2)　機関各部を巡視し，各部の温度，異音，振動など異常の有無に気を配るとともに各計器を監視し，主機の回転速度と燃料ハンドル位置との関係には常に注意する。

(3)　機関巡視以外はなるべくハンドル前を離れず各計器の指針の動きに注意し，機関故障の未然防止と，船橋からの指示に即応できるよう心掛ける。

(4)　機関の安全運転に留意し，機関主要部に異常を認めたときは，機関長に報告して指示を受けるが，急を要する場合は船橋に連絡し，応急処置をとってから機関長に報告して事後の指示を受ける。

(5) 当直員の健康にも留意し，通風換気に努め，また，高温箇所，通電箇所での作業には十分監督してその安全を図る。

(6) 機関日誌には，当直中の状況を丁寧に正確に記入する。

3. 停泊中の当直中の注意事項

(1) 機関室内の作業状況や補機の運転状態を確認しておく。

(2) 外来の作業員による作業状況やその保安に注意する。

(3) 火気の取締り及びビルジの状況に注意する。

(4) 発電機その他使用補機の巡視点検に努め，また，甲板部との連絡を密にして，荷役作業その他甲板上諸作業に支障をきたさないように心掛ける。

(5) 機関部員の上陸，在船あるいは乗下船者についても承知しておく。

(6) 機関日誌には，使用補機の運転状況，停泊作業の概要，機関部員の動静概要及び甲板部との相互連絡事項などを正確に記入する。

4. 機関部の当直を行う職員の報告及び連絡事項

(1) 出港前の機関長への報告

① 各機関及び諸装置の状態並びに運転準備状況

② 通信連絡装置等のテストの状況

③ 主機の試運転準備の状況及び試運転を行う時刻

(2) 航行中の当直終了時の機関長への報告

① 主機の平均毎分回転速度と航走距離（海里）

② 当直中の機関室内の状況

③ 操舵機の運転状態

④ 燃料の消費量と現在保有量

(3) 航行中の当直中の即刻機関長への報告

① 船長の命令又は船橋から通報された必要事項

② 機関の主要部分に異常があったとき，又はそのおそれがあるときの状況

③ その他特に必要であると認める事項

(4) 甲板部の当直を行う職員への通報

① 主機の回転速度を変更するとき。

② 操舵機に異常があるとき。

③ 送電，送水，送気，移水，ビルジ排出などに支障があるとき。

④ 通風，冷暖房装置に異常があるとき。

⑤ 当直中の主機の平均毎分回転速度

⑥ ビルジ排出の時期又はその可否

⑦ 主機や操舵機の試運転を行うとき。

⑧ ボイラのスートブローを行うときなど船体や甲板を汚すおそれのあるときは，甲板部の当直を行う職員に連絡し了解を得る。

§4. 機関日誌

1. 機関日誌の取扱い

(1) 機関日誌は機関の運転状態，航海中（航行中及び停泊中）に発生した事故及びそれに対する処置，燃料などの消費量とその残高，機関部職員及び部員の乗下船などを記録し，後日の証拠書類ともなるので，当直中の事項は機関部の当直を行う職員が記入署名し，その他の必要事項は機関長が記入署名して保管されるものである。

(2) 機関日誌は各統計及び報告の資料となり後日の参考となる。

(3) 記入を誤ったときは，その部分を黒線で消して押印した上，書き改める。消したり，削ったり，切り取ってはならない。

(4) 機関日誌はその第1ページに主機，補助ボイラ及び主要補機などの要目を記入しておく。

2. 航行中の記入事項

(1) 出入港の時刻，機関発停の時刻，航行中の速力増減の時刻及び理由

(2) 機関に関する異常発生の状況及び時刻

(3) 出入港時の喫水や当直交代時の天候，風力，風向，海上模様及び機関使用の明細

(4) 衝突，乗揚げその他の海難が発生したときの時刻及びそのてんまつなど

3.　停泊中の記入事項

(1)　停泊の場所，理由，当日の作業の概要

(2)　機関部職員及び部員の乗下船

(3)　各補機の発停時刻とその使用目的

(4)　送気，送水，移水などの時刻

(5)　燃料油の補給（油記録簿にも記載する。）

§5.　燃料油及び潤滑油の積込み並びにこれらの船内貯蔵

1.　燃料油積込み時の注意事項

　　燃料油の積込みに際しては，安価で良質の油を，注文分量を正確に受け取り，しかも積込み時に火災や海面汚染などの事故を起こさないような注意が必要である。貯蔵中も油漏れや換気不良による火災，海水混入その他油の変質に注意し，油量の現在量を正確に把握することが必要である。

(1)　積込み計画

　　航海に必要な燃料油量は，その航海の予想消費量を計算し，それに20%くらいの余裕量を加えた量とする。予想消費量の計算は，航海距離，船速，日数，船底の汚れなどを考慮して計算する。また，20%くらいの余裕量を持つのは，荒天遭遇，機関故障などの不慮の事態に備えるためである。

　　燃料油の積込み量は，航海に必要な燃料油量から手持ちの燃料油量を引いた量とする。

(2)　積込み前の検査

①　引火点，粘度，硫黄分，灰分，残留炭素分などは簡単に調べられないので，その油の性状試験表と従来使用している油の性状試験表とを比較して，機関に適当であるかを判断する。

②　密度を計測して，発火性の良否，粘度の大小などを判断する。

③　良質油と比較してみる。臭気が強いものは揮発性が強く，硫黄分などの不純物が多い。

④　重油タンク底など，なるべく低い所から試料を採り，水分の有無を調べる。水分の有無の検査には次の方法がある。

イ　試料油をつけた紙片を燃やしてみる。

ロ　試験管に油を入れて加熱し，しばらく放置すると水分は分離して底に沈む。

ハ　2枚のガラス板に油をすりつけ，これを油を中にして重ね，透かして見ると，水分やスラッジが油膜の間に見える。

(3)　受入れ準備（漏油防止対策を含む。）

①　船内に燃料油搭載を周知し，甲板部に連絡して危険物積込み中の表示（昼間は赤旗＝B旗，夜間は赤灯）をする。

②　積込み口付近及び空気抜管（空気管）付近での火気の使用を制限する。

③　給油箇所付近のスカッパー（排水口）は木栓又はセメント等で塞いでおく。

④　オイルフェンス，油処理剤及び油吸着材等が準備されていることを確認する。

⑤　燃料タンクのマンホールカバー，重油管・諸弁などの取付け部の良否及びこし器・空気抜き・タンク自体の検査を十分に行う。

⑥　積込み用ホースや継手ねじ部は特に損傷しやすく，また，ごみの付着などによって緊締が困難となり，油の漏えいを生じやすいので，検査手入れを行い完全なガスケットを使用する。

⑦　接合部から離れないように十分な余裕のある長さのホースを用い，拡張用ロープをホースに沿わせて，直接ホースに緊張を及ぼさないように準備する。

⑧　重質油積込み用と軽質油積込み用のホースを混同使用しない。同じホースで積み込む場合は，軽質油を先に積み込む。

⑨　本船側の燃料タンクのドレンを抜き，残油量を調べてその航海に必要な量と予備油を積み込む。

⑩　積込み前には，火気の使用はもちろん漏油などを生じさせないよう万

全の注意を払う。

(4)　積込み要領

①　両舷平均に積み込む。

②　積込み口より遠いタンクから積込みはじめ，次第に近いタンクに積み込む。

③　燃料タンクはいっぱいに入れるのは避け，だいたい10%ぐらい空間をつくる。積込み油圧を余り高くすれば油がふき出す危険があるので注意する。

④　積込み困難なタンクは，あらかじめ他のタンクの重油を移動しておく。

⑤　各タンクに対する積込み量は，あらかじめ決めて，測深管付近に表示しておき，ときどき現量を確認する。積切り直前は頻繁に測深を行う。

(5)　誤って燃料油を海上に流出させた場合の処置

　　*2油濁防止規程及び油濁防止緊急措置手引書（第2章第2節　海洋環境の汚染の防止のために遵守すべき規則参照）に従い，以下の事項を速やかに行わなければならない。

①　オイルフェンスを展張して流出油の拡がりを防止する。

②　流出油が大量の場合には，必要事項を会社及び最寄りの海上保安機関（日本近海にあっては，海上保安庁）に通報する。

③　引き続く油の漏えいを防止する措置を講じる。

④　油吸着材等を用いて，できるかぎり油を回収する措置を講じる。

⑤　油処理剤等を用いて，油の処理を行う。

(6)　積込み終了後

①　重油積込み終了後，油面が平静になってから正確に現在量を測深して確認しておく。

②　積込み前の状態に完全に復旧し，漏油をきれいにふきとっておく。

---

*2 海洋汚染等及び海上災害の防止に関する法律第 7 条及び第 7 条の 2

(7)　積込み油の計量法

①　積込み後，ある時間経過して完全に油中の気泡が抜けきったあと，再び積込み量の確認をする。

②　各油タンクの測深管で測った深さを，タンクテーブルで油量（容積）に換算する。このとき船はできるだけ水平に保つようにする。

③　油量は15℃における質量で受け渡しするので，15℃以外の温度で積み込むときは温度容積換算表により，15℃の温度における容積にして，それに密度を掛けて注文量だけ積み込まれたかを確認する。

④　大量の油を積み込んだときは，排水量の変化によっても概算することができる。

2.　燃料油の貯蔵中の注意事項

(1)　貯蔵中の注意

貯蔵タンクの腐食によるさびのために燃料油の酸化や灰分の増加又は清水や海水の浸入及び加熱管における蒸気の漏えいなどが起こり得るので，貯蔵油の状態を常に調べることが大切である。

①　重油タンク内の重油温度を毎日時刻を定めて計測し，常に異常のないことを確認する。

②　重油から発生するガスは引火しやすいものであるから，ガス集積の疑いがある付近では裸火を近づけてはならない。白熱移動灯を使用する場合は火花の発生のない完全なものであることが必要である。

③　重油から発生するガスは空気より重いので換気不良の所に停滞し，空気と混合して爆発性ガスとなるから十分に換気しなくてはならない。

(2)　貯蔵タンクの点検

①　貯蔵タンクに点検のため入るときの注意

イ　タンク内の滞留ガスを適当な方法で十分に排除する。

ロ　タンク内に白熱移動灯を持ち込む場合は，その電線に火花の発生するおそれのないものでなければならない。

ハ　裸電灯は，破損して引火のおそれがあるから，使用してはならな

い。また，裸火は絶対に使用しない。

ニ　ガス検知器により，タンク内のガス量を調べてから入ることが望ましいが，タンク内に入る者は救命ロープをつけ，入口に人を配置して危急の際は直ちに救助できるように準備しておくことが必要である。

ホ　作業靴に金具を打ったものやゴム底靴は使用しない。

ヘ　タンクに入る場合は必要品以外は持ち込まないようにし，また，内部にウエスなどを置き忘れないように注意しなければならない。

② タンク内での点検事項

イ　タンク内に残留する水やスラッジの量

ロ　タンクの側壁や天井などのさびの状況

ハ　スラッジの性状

ニ　掃除後は，周壁や仕切板などの損傷の有無

ホ　加熱管の状態，特に漏えいの有無

ヘ　吸入管や測深管など内管の損傷の有無

(3) 貯蔵油に対する注意事項

貯蔵後長時間を経過するときは沈殿物を生じるおそれがあるから，なるべく6箇月以内に消費するのが望ましい。使用の際にはこし器の汚れに対して特に注意が必要である。

3. 潤滑油の積込み時の注意事項

受入準備等は燃料油積込みの場合に準じて行うが，潤滑油の場合は次の事項に特に注意しなければならない。

① 潤滑油の積込みに際しては，各種機械に最も適した銘柄の潤滑油を選定し，今後の航海計画等を考慮して積込み量を決定する。

② 潤滑油の積込みは通常，ポンプを使用し，ドラム缶から甲板上の取入口を経て貯蔵タンクに送り込まれる場合とドラム缶を甲板上に直接積み込む場合があるが，ドラム缶を直接甲板上に積んだ場合は，ドラム缶を固縛し固定する必要がある。

③ 同じ取入口から異種の潤滑油を積み込む場合は，添加剤の添加されて

いないもの, 低粘度のものから先に積み込むようにする。

④　他の潤滑油と混ぜたり, 水やごみなどが入らないように注意する。

4. 潤滑油の貯蔵中の注意事項

①　タンクに貯蔵する場合, タンク本体, 管系, 弁などの接合部からの漏れの有無を検査し, 毎日1回は検量してその量を確認する。

②　水やごみなど不純物が混入しないように注意する。

③　使用量は銘柄ごとに記録し, 消費量と残油量とを確認する。

第3節　船内応急工作

§1.　熱処理

1. たがねの焼入れ法

(1)　たがねの刃先をグラインダ (研削盤) で整える。

(2)　刃先を800℃ぐらいに加熱する。

(3)　刃先部分を水中に浸し, その部分が黒くなるまで冷却する。

(4)　水中から引き上げると, 刃先は十分焼きが入って, やや白く見える。

(5)　このままでは刃先がもろくて使えないから次のように焼もどしを行う。
　　　刃先をよく見ると, 水に入れない胴体部分の余熱で刃先の温度が上がり, その色が淡黄 → 黄 → 茶 → 紫 → あい色と変わるが, その途中, 茶から紫色になろうとする頃, 素早く水中に投入して全体を冷却する。これが焼もどしである。

2. 鋼の表面硬化法
　　　機械部品や工具などで表面を硬く, 中身にじん性をもたせるための処理法である。浸炭又は肌焼きといわれる浸炭法が代表的な方法であるが, 船内で行うことはほとんどない。

§2.　板金作業

1.　はんだ付け（軟ろう付け）

(1)　接合部に，はしの先で塩化亜鉛をよく塗って酸化膜や油脂類を取り除く。

(2)　はんだごて先5mmぐらいを塩化亜鉛の中に入れて，こて先の酸化膜を除き，はんだに押し付ける。はんだがこてに溶着しないのは，こての加熱温度が不適当である。

(3)　こてを接合部にそって静かに移動させれば塩化亜鉛に導かれてはんだは自然に流れ，接合部のすみずみまで流れ込み付着する。

(4)　こての移動が早過ぎれば接合部の温度が低くてはんだは溶着せず，接合の目的は達せられない。

(5)　はんだ付けが終われば，その部分を水洗いするか，ぬれた布でよくふいて残留した塩化亜鉛液を取り除く。これを行わないと接合部にさびを生じる。

2.　硬ろう付け

(1)　接合部をサンドペーパでよく磨き酸化膜や油脂類を取り除く。

(2)　接合部に硬ろう粉末（黄銅ろう又は洋銀ろう）と溶剤（ほう砂）とを混ぜて盛る。

3.　銅管の曲げ方

　　銅管を押しつぶさないように曲げるには，

(1)　小径管で肉の薄い銅管の場合は，松やにを溶かし入れて，そのままで曲げる。

(2)　大径管の場合は，乾燥した砂を充填し，両端を木栓で密閉した上，加熱して曲げる。

4.　フランジ継手のつぎ方（図1）

(1)　管をフランジに差し込む。

(2)　管の先を広げてフランジのくぼみにはめる。

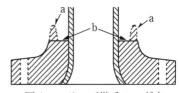

図1　フランジ継手のつぎ方

(3)　a部に管をとりまく堤を耐火粘土できずく。

(4)　b部にろうを流しこむか，又は溶接する。

5.　差込み継手のつぎ方（図2）

(1)　つち打ちするか，拡管器（チュー
ブエキスパンダ）で管の先を広げる。

(2)　他の管を差し込み，管端の部分を
破線のように閉じる。

(3)　接合部をろう付けするか溶接する。

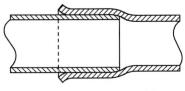

図2　差込み継手のつぎ方

§3.　管系作業

1.　拡管器のかけ方（図3）

(1)　管の内面をよく掃除して，ロー
ラの当たる部分に油を塗る。

(2)　拡管器を管の端に入れ，ローラ
を鏡板の部分に当たるように位置
を定め，軽くマンドレルの先を打
てば，3〜5本（図は3本）のロー
ラは鏡板に向かって張り出す。

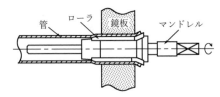

図3　拡管器（チューブエキスパンダ）

(3)　このときハンドルをまわせば，ローラはマンドレルとともに管内を回転
し管を広げて鏡板の穴に密着する。

2.　コーキング（かしめ方）（図4）

(1)　リベットのコーキング

リベットの頭の周囲を板に食いこ
ませるように，たがねを図のように
当てて打つ。余り強く打ち過ぎると
リベットを緩めることもあるので注
意しなければならない。

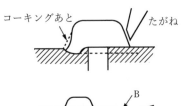

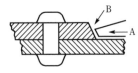

図4　コーキングたがねの使い方

(2)　びょう接板のコーキング

　　上記(1)と同様にコーキングたがねを図の要領で当て，Aの方向から矢印のように打つこと。Bの方向から打ってはならない。

3.　当て金の仕方

　　当て金は鉄板の衰弱部や破口部の応急的修理又は半永久的修理方法として行われる。

(1)　応急的当て金

　　当て金の接触面にガスケットを入れてボルト締めにする。

(2)　半永久的当て金

　　当て金をする部分の表面を清掃して適当な大きさと厚さの当て金をつくる。両者に孔をあけてリベット接合してコーキングするか，溶接する。

§4.　手仕上げ作業

1.　金のこ作業

　　金のこの刃は，軟鋼やしんちゅうなどを切断するものは歯数は少なく，鋼や薄板材用のものは歯数が多い。また，摩擦熱を少なくして折損を防ぐために歯を左右にふり分けてある。

(1)　のこのかけ始めは，左手の親指のつめの背をのこの刃に添え，切込み箇所に刃を当てて2〜3回軽く動かし，切込みを容易にすること。

(2)　のこを使用する場合は刃全体を使うように大きく動かし，前方に押すときに力を入れ手前に引くときは力を抜いて引く。正しく前後に動かすこと。

(3)　のこ刃の張りは，引っ張った感じの所から，さらに蝶ねじを1〜2回締めた程度とする。極端に強く締め過ぎないこと。

2.　はつり作業及びやすり作業

　　鋼材，鋳造品，鍛造品などに所要寸法よりかなり厚い部分があり，この不要部分を応急修理のため取り除くには，初めからやすりを使用しないで，たがねを用いて大部分をはつり取り，その面の仕上げの段階で，やすりを用いたほうが仕事が早い。作業がすんだならばやすりで面を仕上げる。

(1)　たがねには，平たがね（刃幅の広いものと狭いものがある。），えぼしたがね（油溝切り用の溝ほりたがねもある。），コーキングたがねなどがある。

(2)　平面のはつり取りには，平たがねを用いるが，はつり作業の要領は，左手でたがねの頭の近くを軽く握り，はつり面に30度くらいの角度で軽く当て，たがねの頭を打ったときに力を入れて握りしめる。

(3)　荒はつりはときどき方向を変えるが，仕上げはつりは方向を変えない。はつり終わりは反対側から軽く打たないと工作物が欠けることがある。

(4)　はつり面が広いものは刃幅の狭いたがねで面に2〜3条の溝を入れてから，刃幅の広い平たがねで溝と溝の間の残り部分をはつり取ると早く仕上げることができる。

(5)　やすりには断面の形により，平，半丸，角，三角など種類があり，目の粗さ（単位長さの目数）により，荒目，中目，細目，油目などの種類がある。

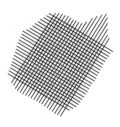

図5　面の仕上げ方

(6)　上記の面の仕上げには，角か三角の中目やすり程度を用いて図5のように交差状に，かつ，面の全体が平滑になるようにし，最後に細目やすりで面の仕上げを行う。

(7)　やすりのかけ方には図6のように直進法，斜進法，目通し法があるが，やすり作業中，切り粉でやすりの目が詰まるので，やすり刷毛でときどき払い落とす。特に油目，細目やすりを使うときには，目が詰まり工作面に傷がつくことがあるので注意を要す

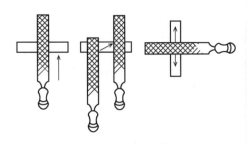

①　直進法　　②　斜進法　　③　目通し法

図6　平やすりのかけ方

る。

3. けがき作業

けがき作業は，けがき針又は石筆を用いて素材表面に図面に従って基準となる線を引くことで，この線に従い，今後この素材に種々の加工がなされる。したがって，この線が消えても困らないように必要箇所にポンチを打っておく。

(1) ポンチの研ぎ方

ポンチの先端は，グラインダで 60° 又は 90° の円すい形に正確に研ぐ。

(2) けがきポンチの打ち方

けがきポンチは，けがき線が消えても線がわかるようにする目的であるから加工物をいためないように打たねばならない。

(3) 心立ポンチの打ち方

正確な位置に幾分深く打ち込んでおく。ポンチ穴が片寄ると穴あけの中心が外れてしまう。また，ポンチの先端がとがっていないと穴底が丸味をもち，片パスで円を描くときに中心がぐらついて真円が描けない。

4. 丸棒の心出し（図7）

(1) 図のように丸棒を V ブロックに乗せ，トースカンで「井」形に丸棒を回して線を引く。

(2) 4本の線で囲まれた四角形の中心が丸棒の中心である。

中空棒の中心を出すには，中空部に適当な大きさの木片を打ち込んでから，上記と同じような方法で中心を出す。

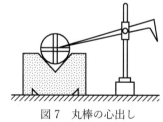

図7　丸棒の心出し

5. きさげ作業

きさげ作業は多く軸受メタルのすり合わせ仕上げに行われる。

(1) 光明丹の当たりの強いところを三日月きさげ（ささの葉きさげともいう。）で手前から先方に斜めにひねって弧面をすくい上げるように動か

し，途中で止めない。

(2)　余り大きくほったり，深く削り込まないように注意する。

(3)　きさげがスムーズに動かないときは，方向を変えて削る。

(4)　すり合わせが進むに従い，きさげは幅の狭いものを用い，細かく動かして小さく当たりをとる。

(5)　光明丹は，だんだん薄くして最後には，光明丹を全然塗らずにすり合わせをし，黒く当たりのある所を細かく削る。

6.　タップ立て作業

(1)　タップ立ての中心位置に，正確に心立ポンチを打つ。

(2)　ポンチ心を中心としてドリルで下穴をあける。

(3)　タップは，1番（先タップ），2番（中タップ），3番（仕上げタップ）の順に使う。

(4)　丸棒の心出しは，できるだけタップの大きさに適した両手ハンドルを使用する。

(5)　タップが真っすぐに立っているかどうかを直角定規などを当てて調べる。

(6)　タップは，一気に無理通しをしないで切削油をやりながら少しずつねじ込み，重くなったら半回転ぐらい戻し，ときどき切りくずを出しながら再び回してねじを切り終わるまで，この操作を繰り返す。

7.　植込みボルト（スタッド）の植込み法

(1)　ねじ穴の中のくずを取り除く。

(2)　比較的長いナットを植込みボルトの反対側のねじに約半分ぐらいの深さまでねじ込む。

(3)　押さえボルトをナットにねじ込んでボルトを締め込む。

(4)　植込みボルトが完全に植え込まれたならばスパナでナットを押さえて，押さえボルトを緩め，ナットも取り去る。

8.　折れた植込みボルトの抜取り法

(1)　折れ口が少し出ているときは，ボルトの周囲をたたいて緩みをつけ，パイプレンチをかけて抜き取るか，折れ口の縁にたがねを当て，ねじを緩め

る方向に打って，緩んだならば，パイプレンチを使用する。

(2) 上記(1)の方法で抜けない場合，植込み部分にねじを傷めない程度の穴を
ドリルであけ，この穴にやすりのこみ（木の柄を付ける部分）をたたき込
んで回して抜き取るか，又はこの穴に逆タップをねじ込んで抜き取る。

(3) 電気溶接で抜取りハンドルを植込みボルトの頭に溶接して抜き取る。

9. ダイス作業（図8及び図9）

(1) 丸棒の先端を約 5～6 cm やすりで緩くテーパに削る。

(2) 小さいねじ切りの場合は，丸ダイスを使用し，
ねじ山を切り落としてある方を下にして丸棒の上
にかぶせ，傾かないように静かにしっかりと回し
てねじ山にくい込ませる。

図8　丸ダイス

(3) 十分に油を与え，ときどき逆回転させながら切り進んで行く。

(4) 径の大きいねじ切りには割りこま
ダイスを使用する。まず，両こまを
広げ，丸棒の先端をはさんでから調
整ねじを少し緩めて荒切りをする。

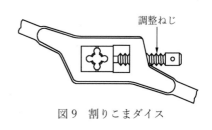

調整ねじ

　順次，調整ねじを締め，また，回
転させる。これを 4～5 回繰り返す
とねじが完成する。

図9　割りこまダイス

(5) 最後にナットをはめて，その加減をみる。

§5.　ガス溶接

(1) 使用ガスは，[3]アセチレンガスと酸素との混合ガスが使用される。

(2) アセチレンガスは，ガス発生器の内筒の天井につられた金網に入れた
カーバイドが外筒の中の水と作用して発生する。しかし，アセチレンガス
は，衝撃を与えたり 0.2 MPa 以上に圧力を加えたりすると爆発する性質

---

*3　ホース及びボンベの色は，アセチレンガスが赤，酸素が黒である。

があり，ガスのまま貯蔵することは危険である。そこで鋼製の高圧容器（ボンベ）内に，アセチレンをよく溶解するアセトンを入れ，このアセトンの中にアセチレンガスを圧入溶解させ，安定した溶解アセチレンとして使用する。使用に際してはボンベを横に倒すと，アセチレンと一緒にアセトンが噴出するから，必ず立てたまま使用すること。

(3)　溶接用吹管の中央孔からは酸素，その周囲からアセチレンガスが酸素の噴出する勢いで吸引されて両者が混合して火口から出る。ボンベに充填されている酸素及びアセチレンの圧力は，実際に使用するときの圧力に比べて相当に高いので，圧力調整器（減圧弁）によって溶接に適した圧力，すなわちアセチレンガスは 0.01～0.015 MPa，酸素は 0.15～0.3 MPa くらいまで減圧し，一定の圧力でガスを供給する。

　　また，切断のときは 0.25～0.5 MPa に保つ。切断速度は酸素の圧力を高くすることで早くすることができるが，酸素の浪費を避けるため適当な圧力としている。鋼板の厚さに対する火口番号やガス圧の関係の一例を次の表に示す。

火口番号	鋼板の厚さ (mm)	ガス圧 MPa		ガス消費量 L/h		炎心の高さ (mm)
		アセチレン	酸　素	アセチレン	酸　素	
100	1～1.5	0.01～0.02	0.10	130	143	6
150	1～2	〃	0.10	175	193	8
350	3～5	〃	0.12	370	400	15
750	7～10	〃	0.15	770	850	17
1500	12～20	〃	0.25	1200	1300	20
2500	20～30	〃	〃	1800	2000	23

(4)　火炎は，図10のように調整する。

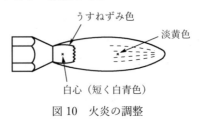

図 10　火炎の調整

(5)　接合部は,

薄板のとき　　──┴──　（この場合，溶接棒はいらない。）

両者間に板厚の $\dfrac{1}{4}$ ぐらいの距離をおく。

厚板のとき　　板端を 45° 削り取って突き合わせる。

(6)　溶接棒の太さは, 板の厚みによって定める。

(7)　溶接棒は, その先端を白心の周りのうすねずみ色の炎で溶かし, 同時に地金板も完全に溶け合わせるようにしなければ完全な溶接ができない。

(8)　吹管は, 板の上を一定の高さに保ち溶接棒は少し盛り上がった均一な波形であることが望ましい。

(9)　ガス溶接中は, 逆火による危険を防止するため火口が過熱したときは, 火口を冷やし, ごみが火口を塞いだときは, 火口を掃除する。また, 火口が大きいときは取り替えなければならない。

§6.　電気溶接

電気溶接には金属の溶接棒と母材との間に火花を飛ばして, その熱で母材の一部を溶かして溶接するアーク溶接法, 電流を通じて電気抵抗による熱で溶接する電気抵抗溶接法があるが, 船内で広く用いられているアーク溶接法について説明する。

(1)　溶接棒の種類は多いので溶接に適したものを選び, 被覆剤が心線に対して偏心せずよく乾燥した規格品でなければならない。

(2)　溶接電流, 運棒速度, アークの長さなどが正常ならアークは安定し, たえず一様な音を発する。

(3)　溶接電流が弱過ぎると, バリバリという音が弱く, 棒の溶けるのも遅くなって溶接の仕上がりが悪くなる。

(4)　溶接電流が強過ぎると, 音が高くなり, 棒の溶けかたが早くなって溶着しない部分ができる。

(5)　電流の強さ, アークの長さ, 運棒速度等が溶接棒の母材への溶込みの良否を左右する。

(6) 母材の厚さに対する溶接電流の標準は次の表のとおりである。

板 厚（mm）	1.6	2	2.3〜3.2	5.5〜6	9〜10	14〜16
棒 径（mm）	1.5	2〜2.5	3.2	4	4〜5	5
電 流（amp）	20〜40	50〜80	70〜120	100〜140	150〜180	160〜200

(7) 災害に対する注意事項は次のとおりである。

① アークの光は強烈であるから，目の保護だけでなく身体に露出部を残さないようにする。

② 感電しないように絶縁体用具を用い，着衣は乾燥したものでなければならない。

③ 亜鉛めっき鋼板のアーク溶接を行う場合は，有害な亜鉛ガスを発生するから防毒マスクを着用する。

④ 電源やホルダの取扱いに注意し，作業を中断するときには電源を切り，ホルダは絶縁物の上におくなどの注意が大切である。

⑤ 狭い場所での作業は，感電や火災の発生に留意するとともに，ガス中毒を起こす危険があるから，十分な換気とガス検知を行わなければならない。

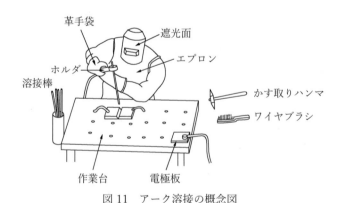

図 11 アーク溶接の概念図

第4節　機関備品及び消耗品

§1.　備　品

1.　備品は，その船舶に備え付ける機関の種類，用途及び数量に応じ，機関の保守及び船舶内において行う軽微な修理に必要となる予備の部品，測定器具及び工具を機関室内又は船舶内の適当な場所に備え付けなければならない。

2.　備品台帳を備えて，その受払いを確実にし，現在量と台帳が合致しなくてはならない。

§2.　消耗品

1.　消耗品の取扱い

　(1)　消耗品として必要なものは全部そろえておかなければならないが，むだなものは積み込まないように注意する。

　(2)　消耗品受払簿によって現状を確認しておくことが重要である。補給量は消費量を推定して計画的に注文しなければならない。

　(3)　受入れの際は，品質，寸法をよく調査し粗悪品や寸法違いの品を積み込まない。

2.　消耗品の種類

　機関部消耗品には次のようなものがある。

　(1)　塗料……一般塗料・白鉛ペイント・白亜鉛ペイント・光明丹

　(2)　油脂類……グリース・ベルトワックス

　(3)　^{*4}ガスケット及びパッキン類……オイルシート・ファイバシート・ラバーシート・インサーションシート・銅ガスケット・コットンパッキン・船尾管パッキン・コンデンサガスケットなど

　(4)　ロープ類……センニット・マーリン・トワイン・ワイヤロープ

---

*4　ガスケットは静的シール，パッキンは動的シールのことをいう。

(5)　電気用品……電球・ヒューズ・電線・絶縁テープ

(6)　工事用材料品……ゴーズワイヤ・割りピン・ボルト・ナット・座金

(7)　その他……耐火れんが及び粘土・けいそう土・鉄セメント・ほう砂・金
剛砂・黒鉛・サンドペーパ・エメリクロス・金切のこぎり刃・ブラシ類

§3.　保管整理

備品や消耗品の保管や整理には，次の事項に十分注意することが大切である。

(1)　保管場所は湿気が少なく，整理整頓に好都合なこと。

(2)　作業の際に物品の出し入れに便利な場所であること。

(3)　物品の所在位置がわかりやすいように整理整頓しておくこと。

(4)　湿気による腐食や損傷がないように，油を塗っておくこと。

(5)　動揺による破損や損傷がないように固縛すること。

(6)　現在高がわかるように受払いを確実にすること。

第5節　荒天作業

§1.　荒天準備

(1)　操舵機の点検，ビルジポンプや排水ポンプの確認運転及び水密戸の作動
を確かめる。

(2)　船体の動揺のために物品が移動したり落下したりすることがないよう
ロープなどで固縛する。

(3)　機関室床板にゴムマットなどの滑り止めを敷く。

(4)　各室のビルジを完全に排除し，ビルジ吸込み口やタンクトップのごみな
どを取り除く。

(5)　停泊中でも船橋からの指示があれば直ちに主機を使用できる状態に準備
する。

§2.　荒天中の運転法

(1)　機関は，空転（レーシング）により急回転を起こすおそれがあるので，船橋と相談して主機の回転速度を下げる。

(2)　主機操縦ハンドルを操作して急回転を防ぐ。

(3)　動揺により燃料タンクの底のごみなどが燃料噴射ポンプに入れば故障の原因となるので注意する。

(4)　燃料や冷却水管系に空気が入りやすいので注意する。

(5)　主機は，回転速度の変動が大きいので各軸受などが発熱しやすくなるから，潤滑油圧に注意するとともに手で当たって調べる。

第2章　船舶による環境の汚染の防止

第1節　船舶による環境の汚染の
防止の方法及び装置

§1.　船舶による海洋の汚染及び大気の汚染の原因並びにこれらの防止方法

　タンカーの大型化，油以外の有害液体物質等の海上輸送の増大等に伴う流失事故，機関室ビルジ，また，船員その他の者の日常生活に伴い生じる生活廃棄物や汚水（ふん尿等）の排出等による海洋汚染防止対策の強化を求める世界的世論が高まっている。

　このように環境保全の一環として水質汚染の防止が重要問題となっているが，海洋の汚染は海上災害の発生及び海洋生物に対して悪影響を与え，人類生活上の快適性の低下はもちろんのこと健康上にも及んでくる。

　また，地球規模の環境問題に対応するため[*5]船舶からの排出ガスの放出の規制により窒素酸化物の放出量が放出基準に適合するディーゼル機関の設置及び取扱手引書の作成，低硫黄分燃料油の使用，オゾン層破壊物質を含む材料又は設備の使用禁止等大気の汚染を防止するための規定が強化されているが，常に機関やボイラの整備に努めて良好燃焼を保持するように心掛けなければならない。

§2.　ビルジ排出装置及び海洋汚染防止設備

1.　ビルジ排出装置

　船内の各区画にたまったビルジは，ふつう油水分離器を通して船外へ排出するが，荒天や船体の損傷などにより多量の海水が浸入した場合に対処するため，直接排出できるよう，ビルジポンプと次のようなビルジ管装置を設ける。

---

*5　第2章第2節 13.　船舶からの排出ガスの放出の規制　参照

(1)　共通ビルジ管系

　　ビルジがどの区画にたまっても，必要に応じて任意の箇所からビルジを排出できる管系である。各区画のビルジ吸引管は別々に配管され，機関室内の共通弁箱に連結されている。

(2)　直接ビルジ管系

　　独立動力ポンプと接続され，他のビルジポンプが船体の他の箇所からビルジを排出中であっても，専ら原動機，ボイラ及び補機を備え付けた水密区画室のビルジを排出できる管系である。

(3)　危急ビルジ管系

　　危急の際，機関室内にある大容量の海水ポンプ，内燃機関主機では主冷却海水ポンプを使って，機関室内に浸入した多量の海水を排出するための管系で，海水ポンプの吸込み側に機関室ビルジの吸引管を取り付けてある。

　　主冷却海水ポンプを使って，危急ビルジを排出中は，主機出口側にある温水弁（三方弁）は船外側に全開となっていることを確認する。

　　なお，これらのビルジ管系には全て逆止め弁を使用し，弁の閉じ忘れによる各区画への海水の逆流を防いでいる。また，ポンプがごみの異物を吸い込まないよう，共通ビルジ管系や直接ビルジ管系の吸入口はごみよけ箱（ローズボックス）を，ごみよけ箱とポンプとの中間には，どろ箱（マッドボックス）を設けるが，危急ビルジ管系には設けない。

2.　海洋汚染防止設備

(1)　船舶に設置しなければならない海洋汚染防止設備には，

①　油による海洋の汚染の防止のための設備

②　有害液体物質による海洋の汚染の防止のための設備（有害液体物質排出防止設備）

③　ふん尿等による海洋の汚染の防止のための設備（ふん尿等排出防止設備）

があるが，①の油による海洋の汚染の防止のための設備の種類と各設備ごとの装置及び機器についてまとめると次表のとおりである。

(注)　(2)及び(3)についても①の油による海洋の汚染の防止のための設備についての
　　み記載している。

設　　備	装　　置	機　　器
ビルジ等排出防止設備	油水分離装置	油水分離器 油水分離器用ポンプ こし器 排水採取装置 再循環装置
	ビルジ用濃度監視装置	警報装置 油分濃度計 自動排出停止装置 記録装置
	スラッジ貯蔵装置	スラッジタンク スラッジ管装置
	ビルジ貯蔵装置	ビルジタンク ビルジ管装置
水バラスト等排出防止設備	水バラスト等排出管装置	海洋への排出用 受入施設への排出用
	水バラスト漲水管装置	船舶への漲水用
	バラスト油排出監視制御装置	油分濃度計 流量計 船速計 監視記録装置 自動排出停止装置 排水採取装置
	バラスト用濃度監視装置	油分濃度計 監視記録装置
	スロップタンク装置	スロップタンク スロップ移送装置 油水境界面検出器
分離バラストタンク（管装置を含む。）		
貨物艙原油洗浄設備		洗浄機 洗浄機用ポンプ 洗浄用配管 ストリッピング装置

(2)　タンカー以外の船舶に設置しなければならない海洋汚染防止設備

設備 ＼ 装置 ＼ 大きさ(総トン数：GT)	検査対象船舶 100 GT　400 GT　　　　　10,000 GT
ビルジ等排出防止設備 油水分離装置	
ビルジ用濃度監視装置	（南極海域及び北極海域以外の特別海域）
スラッジ貯蔵装置（標準排出連結具を含む。）	

　タンカー以外の船舶に設置しなければならない海洋汚染防止設備の種類と船舶の大きさは前の表のとおりである（内航の非自航船は除く。）。

(注1)　検査対象船舶とは，海洋汚染防止設備を設置することが定められた船舶のうち，国土交通大臣が法定検査を受ける必要があるとしたもの。貨物船などでは，総トン数が400トン以上の船舶が検査対象船舶となる。ただし，内航の非自航船は検査対象船舶とはならない。

(注2)　総トン数が100トン未満の船舶は，ビルジ等排出防止設備の設置義務はないが，船舶からビルジ等を排出する場合は，油水分離装置を作動させなければならない（装置の作動の義務付け）。

(3)　タンカーに設置しなければならない海洋汚染防止設備等

設備	装置 \ 大きさ(総トン数:GT,積載重量トン数:DW)	150 GT	400 GT	10,000 GT	20,000 DW	30,000 DW
ビルジ等排出防止設備	油水分離装置					
	ビルジ用濃度監視装置		(南極海域及び北極海域以外の特別海域)			
	スラッジ貯蔵装置（標準排出連結具を含む。）					
水バラスト等排出防止設備	水バラスト等排出管装置					
	水バラスト漲水管装置					
	バラスト用油排出監視制御装置					
	スロップタンク装置					
分離バラストタンク						(精製油運搬船は3万DW以上)
貨物艙原油洗浄設備						(精製油運搬船は免除)
貨物艙の構造及び配置の基準						

（注）　検査対象船舶とは，海洋汚染防止設備を設置することが定められた船舶のうち，国土交通大臣が法定検査を受ける必要があるとしたもの。タンカーでは，総トン数が150トン以上の船舶が検査対象船舶となる。

〈全ての船舶〉

(注1)　総トン数 10,000 トン未満の船舶（南極海域及び北極海域以外の特別海域を航行する総トン数 400 トン未満の船舶）は，ビルジ用濃度監視装置の設置義務はないが，燃料油タンクに積載した水バラストを排出する場合にあっては，ビルジ用濃度監視装置を作動させなければならない（装置の作動の義務付け）。

(注2)　「南極海域及び北極海域以外の特別海域」とは，地中海海域，バルティック海海域，黒海海域，北西ヨーロッパ海域，ガルフ海域及び南アフリカ南部海域をいう。

§3.　油水分離装置（重力分離法）

1.　概　要

(1)　油水分離器に使用するビルジポンプは回転速度が低く流体の油滴を微細化しない往復ポンプが適している。

(2)　油水分離性能は 15 ppm 以下であること。

(3)　高濃度の油水，空気の吸引が可能であること。

高濃度の油水はもちろん，油のみが流入しても，また，ビルジポンプが空気を吸引した状態でも良好なポンプ性能が得られる。

(4)　主要部材の取替えが不要であること。

第1次分離筒，第2次分離筒とも頻繁に交換する必要のないろ材類を使用し，可動部分がない設計で，主要部材は取り替えることなく長時間の使用が可能である。

(5)　清掃が容易であること。

第1次分離筒は胴体中央部から上下に2分割でき，内部の捕集板，集水管は簡単に器外へ取外し可能であり，第2次分離筒は圧縮空気を使用して洗浄，再生することができるので清掃，点検が容易である。

(6)　操作が簡単であること。

分離された油及びビルジポンプに吸い込まれた空気は自動排油装置及び空気抜き弁により自動的に行われ，かつ可動部分がなく運転に人手を要し

ない。

2. 作　動（図 12 参照）

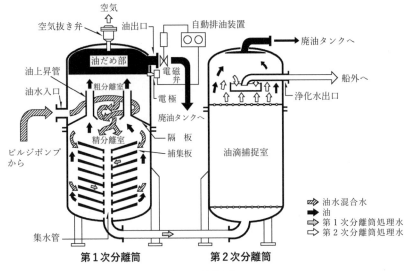

図 12　流路図

(1) ビルジポンプから送られたビルジは，まず第 1 次分離筒の油水入口から粗分離室へ流入し，緩やかな渦流となって大部分の油は油だめ部に浮上分離する。

(2) 次に油水は隔板の開口部から精分離室へ入り，捕集板の間を外周部から集水管に向かって流れ，その間に油分は浮上し捕集板の下面に付着する。

(3) 捕集板の下面に付着した油分は次第に結着して大粒の油滴となり，捕集板の外周部から浮上し，隔板の油上昇管を通って油だめ部に集められる。

(4) 油だめ部の油分は自動排油装置の電極により検出され油出口に設けられた電磁弁が自動的に開き，廃油タンクへ排出される。

(5) また，ビルジポンプから油水に伴って送り込まれてくる空気は，第 1 次分離筒の頂部に一定量たまってエアチャンバを形成し，余分の空気は空気抜き弁により自動的に排出される。

(6) 一方，集水管にあけられた小孔を経て第 2 次分離筒へ導かれた水の中に

なお残っている微小な油滴は第2次分離筒内の特殊充塡材によってほとんど完全に捕えられ，ビルジは清浄な水となって浄化水出口から船外へ排出される。

(7)　充塡材に捕捉された油は，やがて大きな油滴となって第2次分離筒の頂部へ浮上するがその量は極めて僅かなので頻繁な排出は不要で，手動操作にて廃油タンクへ排出する。

3.　原　理

　　水と油の密度差を利用した重力分離法で，油粒を結合させ大きくするほど分離効果がよくなる。したがって，流れの速度，流れの角度の急転及び狭い隙間の間に通すことなどによって，油粒を大きくして浮上分離させる。

4.　構　造（図13参照）

　　図において，第1筒は粗分離用として，分離板により油水を分離し上部の分離槽にためる。第2筒は微粒油の分割回収を主目的としたコアレッサ（油粒子増大エレメント）を内蔵している。コアレッサは，ステンレス鋼と耐熱耐食性ファイバで構成されている。したがって，油分で汚染されても簡単に再生が可能である。

　　両筒とも上部にフロート式自動空気抜き弁と分離槽内に分離油排出を容易にするための加熱蒸気管を備えている。

　　自動排油装置は第1筒にある油分検知用電極が油面を検知すると排油電磁弁が開き，廃油タンクに排油し，上部電極が水面を検知すると電磁弁が閉じ排油が完了する。

　　第2筒の電極は油面を検知するとアラームを発するので手動排油弁を開いて排油を行う。第2筒から出たクリーンビルジは船外に排出されるか，又はビルジ澄ましタンク（吸着材内装）を経てクリーンビルジタンクに送られるが，油分濃度計により連続監視をうけ15 ppm以上となるとアラームを発し，排水の排出を自動的に停止する。

　　また，第3筒まで装備したビルジセパレータ装置もあるが，内蔵されているコアレッサは第2筒のものより密度が高く，より微細な油粒を捕捉できる

ようになっている。

5. 取扱い上の注意事項

(1) 運転する前には必ず器内に清浄水（海水）を満たしておくこと。

(2) 運転中は，しばしば検油コックを開き，分離した油分のたまり具合を確かめ，適当な時期に廃油タンクに排出すること。

(3) 自動排出装置や警報装置（ビルジ用濃度監視装置）がついていても，電磁弁等が作動不良になることもあるので，これらを手入れするとともに検油コックや油分濃度計等により分離状態が基準以下になっているかどうかを確かめ，排出口付近をよく注意すること。

(4) 廃油タンクの油量を適宜検量し，焼却炉やボイラ等で処理すること。

(5) 化学薬剤で処理して排出する場合は，ビルジポンプのこし器がよく閉塞するので注意すること。

(6) 年1回は油水分離器を分解清掃すること。また，分離板は腐食することがあるので定期的に掃除点検を行うこと。

(7) 油水分離器の構造，作動，原理をよく理解し，また，配管等も平素からよく知っておくこと。

(8) 誤って油分を船外に排出した場合の対策を平素から考えておくこと。

6. ビルジ用濃度監視装置

ビルジ用濃度監視装置は油水分離器の後段に設備して，排水に含まれる油分濃度を濃度計によって連続計測し，排水の油分濃度が 15 ppm を超えると可視可聴の警報を発し，自動的に，かつ，20秒以内に排水の排出先を船外から船内へ切り替える。また，油水分離器及びビルジ用濃度監視装置の作動状態を記録する記録装置を備えている（図12及び図13には描かれていない。）。

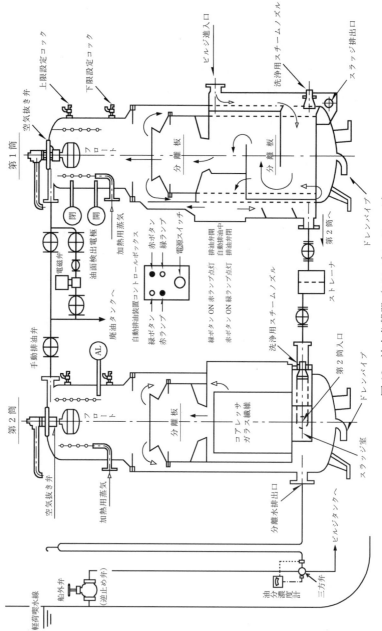

図13　油水分離器（ビルジセパレータ）

§4.　ふん尿等処理装置（図14参照）

　ばっ気室，沈殿室，滅菌室の3室に分割された角型のタンクとエアコンプレッサ（ばっ気及び汚泥返送用），排出ポンプ，塩素溶解器，散気装置，エアリフト管，制御装置及びスクリーン等により構成されている。

　流入ふん尿等は，ばっ気室に入り，ここで空気の供給を受け活性汚泥により分解された後，沈殿室へ流入し活性汚泥と上澄水に分離される。

　（注）　活性汚泥とは好気性菌が主体となり，これに汚水中の有機性，無機性の浮遊物
　　　　が加わりさらに種々の原生動物，後生動物，藻類が付着した複雑な組成の物体で
　　　　強い吸着力と有機物分解力を持っており，静置すると凝集して大きなフロック
　　　　（綿屑状の塊）となって容易に沈殿する。

　上澄水はさらに滅菌室で十分に塩素殺菌されて排出ポンプにより排出される。ばっ気室への空気の供給はエアコンプレッサにて行われ，沈殿室で沈殿した活性汚泥と液面に浮上したスカムはエアコンプレッサからの空気によりエアリフトされ，ばっ気室に返送される。

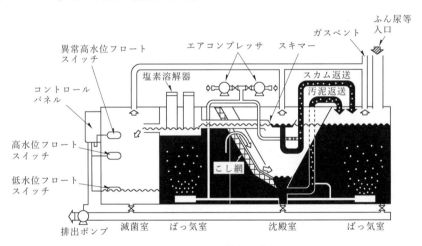

図14　ふん尿等処理装置

§5.　廃油焼却装置（図15，図16参照）

　焼却炉，制御盤，廃油タンク，焼却炉助燃油タンクからなる本装置は，船内に生じる各種スラッジ，不要油及び若干のウエス等の固形物を完全に燃焼するもので自動運転が可能である。

1. 焼却炉

　(1)　本　体

　　　燃料室の外側を空気室が囲む二重構造で過熱を防止している。側部には二重扉の固形物投入口を設け，また，前面にはバーナ，フレームアイ，イグナイタを装備している。

　(2)　バーナ

　　　廃油バーナとパイロットバーナがあり，いずれも圧縮空気を混合噴霧するエアアシスト方式である。

　(3)　強圧送風機，廃油ポンプ

　　　Vベルトで1個のモータで駆動されている。強圧送風機空気出口側には燃焼用空気ダンパと排ガス冷却用空気ダンパを装備している。

　(4)　パイロットバーナポンプ

　　　独立したモータで駆動されている。ポンプ停止時には直ちに送油（A重油）を停止するカットオフバルブがある。

2. 廃油タンク

　　内部に加熱用蒸気コイルとかくはん用ファンを備え，タンク出口に設けられた温度センサと電磁弁により加熱蒸気量を加減し廃油温度を一定に保つ。タンクには高液面アラームと低液面バーナカットの信号を出すレベルゲージもある。

3. 焼却炉助燃油タンク

　　点火時とA重油助燃時に使用し，パイロットバーナから噴射される。

4. 始動及び停止

　(1)　始動ボタン→強圧送風機，廃油ポンプ〔プリパージ〕→パイロットバーナポンプ始動，イグナイタ作動〔パイロットバーナ着火〕→廃油電磁弁開

〔廃油バーナ着火〕→パイロットバーナ消火〔廃油単独燃焼〕

⑵　廃油低液面トリップ→廃油電磁弁閉→ポストパージ（2分間）→強圧送風機，廃油ポンプ停止

　（注）　なるべく停止前にA重油で置換し手動で停止ボタンを押して装置を停止したほうがよい。

5.　危急停止（自動トリップ）

　　排ガス温度過高，廃油温度低下，強圧送風機・廃油ポンプ用モータ過負荷，廃油タンク油面低下，着火失敗及び失火（フレームアイノンキャッチ）

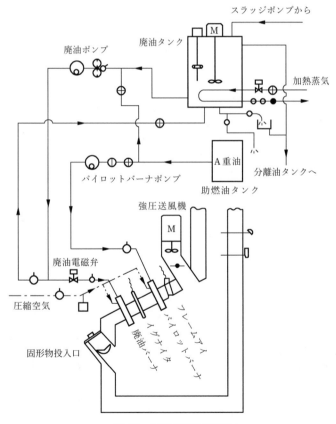

図15　廃油焼却炉概略図

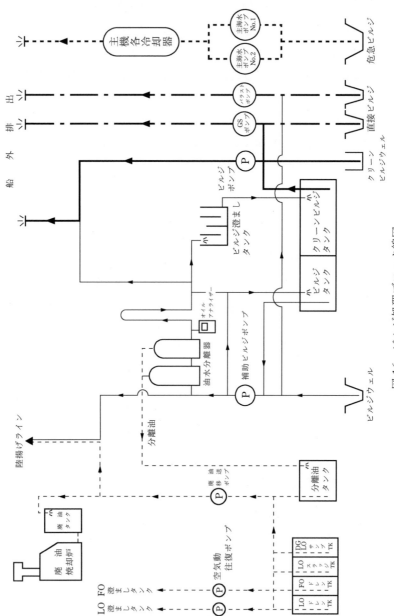

図16　ビルジ処理ブロック線図

第2節　海洋環境の汚染の防止のために遵守すべき規則

海洋汚染等及び海上災害の防止に関する法律及びこれに基づく命令

1. 目　的

　　船舶，海洋施設及び航空機から海洋に油，有害液体物質等及び廃棄物を排出すること，船舶から海洋に有害水バラストを排出すること，海底の下に油，有害液体物質等及び廃棄物を廃棄すること，船舶から大気中に排出ガスを放出すること並びに船舶及び海洋施設において油，有害液体物質等及び廃棄物を焼却することを規制し，廃油の適正な処理を確保するとともに，排出された油，有害液体物質等，廃棄物その他の物の防除並びに海上火災の発生及び拡大の防止並びに海上火災等に伴う船舶交通の危険の防止のための措置を講ずることにより，海洋汚染等及び海上災害を防止し，あわせて海洋汚染等及び海上災害の防止に関する国際約束の適確な実施を確保し，もって海洋環境の保全等並びに人の生命及び身体並びに財産の保護に資することを目的とする。

2. 海洋汚染等及び海上災害の防止

　　何人も，船舶，海洋施設又は航空機からの油，有害液体物質等又は廃棄物の排出，船舶からの有害水バラストの排出，油，有害液体物質等又は廃棄物の海底下廃棄，船舶からの排出ガスの放出その他の行為により海洋汚染等をしないように努めなければならない。

3. 船舶からのビルジ等の排出基準

　　全ての船舶に対しての規定である。

　　①　希釈しない場合の油分濃度が 15ppm 以下であること。

　　②　南極海域及び北極海域以外の海域において排出すること。

　　③　当該船舶の航行中に排出すること。

　　④　ビルジ等排出防止設備のうち国土交通省令で定める装置を作動させな

　がら排出すること。

　⑤　排出は，できる限り海岸から離れて行うよう努めなければならない。

（注1）「ビルジ等」とは，ビルジその他の油をいう。ただし，タンカーの水バラスト，
　　　　貨物艙の洗浄水及びビルジ（以下「水バラスト等」という。）であって貨物油
　　　　を含むものを除く。

（注2）④の国土交通省令＝海洋汚染等及び海上災害の防止に関する法律施行規則第4条

4.　タンカーからの貨物油を含む水バラスト等の排出基準

特別海域以外の海域	特別海域
(1)　次の排出基準に従って排出する場合 　①　油分の総排出量が直前の航海において積載されていた貨物油の総量の3万分の1以下であること。 　②　油分の瞬間排出率が1海里当たり30リットル以下であること。 　③　全ての国の領海の基線からその外側50海里を超える海域において排出すること。 　④　航行中に排出すること。 　⑤　海面より上の位置から排出すること。ただし，スロップタンク以外のタンクで油水分離したものを油水境界面検出器により汚染水が海域に排出されないことを確認した上で重力排出する場合は，海面下に排出することができる。 　⑥　水バラスト等排出防止設備のうち国土交通省令で定める装置を作動させながら排出すること。 (2)　クリーンバラストを排出する場合 　海面より上の位置から排出すること。ただし，排出直前に当該水バラストが油により汚染されていないことを確認した場合は，海面下に排出することができる。（港及び沿岸の係留施設以外で排出する場合は，重力排出に限る。）	クリーンバラストとして排出する場合 　海面より上の位置から排出すること。ただし，排出直前に当該水バラストが油により汚染されていないことを確認した場合は海面下に排出することができる。（港及び沿岸の係留施設以外で排出する場合は，重力排出に限る。）

（注1）「特別海域」とは，地中海海域，バルティック海海域，黒海海域，南極海域，
　　　　北西ヨーロッパ海域，ガルフ海域，南アフリカ南部海域及び北極海域をいう。

（注2）⑥の国土交通省令＝海洋汚染等及び海上災害の防止に関する法律施行規則第8条

5.　有害液体物質等の排出の規制

　有害液体物質等とは，有害液体物質及び未査定液体物質をいう。

(1)　有害液体物質

　　有害液体物質とは，次のものをいう。

　①　油以外の液体物質のうち，海洋環境の保全の見地から有害である物質
　　として政令で定める物質で，船舶によりばら積みの液体物質として輸送
　　されるもの

　②　上記①の液体物質を含む水バラスト，貨物艙の洗浄水その他船舶内に
　　おいて生じた不要な液体物質

　　　政令で定める物質は，有害度に応じて，それぞれX類物質等，Y類物
　　質等及びZ類物質等に分けられている。

(2)　未査定液体物質

　　未査定液体物質とは，次のものをいう。

　①　油及び有害液体物質以外の液体物質のうち，海洋環境の保全の見地か
　　ら有害でない物質として政令で定める物質以外の物質であって，船舶に
　　よりばら積みの液体物質として輸送されるもの

　②　上記①の液体物質を含む水バラスト，貨物艙の洗浄水その他船舶内に
　　おいて生じた不要な液体物質

(3)　排出の特例

　　有害液体物質，未査定液体物質の排出は，原則として禁止されている。
　ただし，定められた事前処理の方法，排出海域及び排出方法に関し政令で
　定める基準に適合するものは，例外的に認められる。

6.　廃棄物の排出の規制

(1)　廃棄物とは，人が不要とした物で次のものをいう。

　①　船舶内にある船員その他の者の日常生活に伴い生じるふん尿若しくは
　　汚水又はこれらに類する廃棄物（「ふん尿等」という。）

　②　船舶内にある船員その他の者の日常生活に伴い生じるごみ又はこれに
　　類する廃棄物

　③　輸送活動，魚ろう活動その他の船舶の通常の活動に伴い生じる廃棄物

(2)　ふん尿等の排出基準（南極海域及び北極海域以外における排出。南極海

域及び北極海域における排出は省略）

旅客船：旅客定員 13 人以上の船舶をいう。

船舶及びふん尿等の区分	排出海域に関する基準	排出方法に関する基準
国際航海に従事する船舶（総トン数 400 トン以上又は最大搭載人員 16 人以上。旅客船を除く。）から排出されるふん尿又は汚水であって，ふん尿等排出防止装置により処理されていないもの	全ての国の領海の基線からその外側 12 海里の線を超える海域	イ　毎分 200 リットルを超える排出率で排出する場合は，海面下に排出すること。 ロ　対水速度 4 ノット以上の速度で航行中に排出すること。
国際航海に従事する船舶（総トン数 400 トン以上又は最大搭載人員 16 人以上。旅客船を除く。）から排出されるふん尿又は汚水であって，ふん尿等排出防止装置により処理されたもの（ふん尿等浄化装置により浄化処理されたものを除く。）	全ての国の領海の基線からその外側 3 海里の線を超える海域	イ　毎分 200 リットルを超える排出率で排出する場合は，海面下に排出すること。 ロ　対水速度 4 ノット以上の速度で航行中に排出すること。
国際航海に従事しない船舶（最大搭載人員 100 人以上）から排出されるふん尿であって，ふん尿及び汚水処理装置により処理されていないもの	特定沿岸海域	イ　粉砕して排出すること。 ロ　毎分 200 リットルを超える排出率で排出する場合は，海面下に排出すること。 ハ　対水速度 3 ノット以上の速度で航行中に排出すること。
	特定沿岸海域以外の海域	排出方法は，限定しない。

（注）　「汚水」とは船舶内にある診療室その他の医療が行われる設備内において生じる汚水をいう。「海面下に排出すること」について水中翼船のような航行形態の特殊な船舶が対応することは困難であるため，省令で定める一定の排出率（毎分 200 リットル以下）で排出する場合はこの限りではない。
　　　「特定沿岸海域」とは，港則法に基づく港の区域，海図に記載されている海岸の低潮線から 10000 メートル以内の海域及びその他の特定海域をいう。排出は，できる限り，海岸から離れて少量ずつ行い，かつ，そのふん尿等が速やかに海中において拡散するように必要な措置を講じて行うよう努めなければならない。

(3)　ごみ又はこれに類する廃棄物（一般廃棄物）の排出基準

船舶発生廃棄物区分	排出海域	排出方法
日常生活廃棄物		
食物くず	一般海域のうち、領海の基線から3海里以遠 特別海域のうち、領海の基線から12海里以遠	・国土交通省令で定める技術上の基準に適合した粉砕装置で処理して排出（最大直径25mm以下）・航行中に排出
	南極海域では、上記に加えて国土交通省令で定める殺菌装置で処理して排出	
	一般海域のうち、領海の基線から12海里以遠	・航行中に排出
通常活動廃棄物		
貨物残さ（国土交通省令で定めるものを除く。）	全ての国の領海の基線から12海里以遠（特別海域、海洋施設等周辺海域及び指定海域を除く。）	・航行中に排出
動物の死体（貨物として輸送中に死亡したもの）	全ての国の領海の基線から100海里以遠（特別海域、海洋施設等周辺海域及び指定海域を除く。）	・できる限り速やかに海底に沈降するよう必要な措置 ・航行中に排出
上記以外の廃棄物、例えば プラスチック、化繊ロープ、漁具、ビニール袋、ビン、空缶、陶器、焼却灰、廃食油、ダンネージ、梱包材、紙、布、ガラス、金属、発泡スチロール 等々 の排出は一切認められない。	⬆️	海域への排出は一切禁止 全て陸揚げ

また、上記廃棄物の上記以外の海域での排出又は上記以外の排出方法による排出も、一切認められない。

* 「日常生活廃棄物」とは、船員その他の者の日常生活に伴い生じるごみその他これに類する廃棄物をいう。
* 「通常活動廃棄物」とは、輸送活動、漁ろう活動その他の船舶の通常の活動に伴い生じる廃棄物をいう。
* 「食物くず」を排出する際は、通常から離れて少量ずつ行い、かつ、速やかに海中において拡散するよう努めなければならない。
* 「貨物残さ」を排出する際は、少量ずつ排出し、かつ、できる限り速やかに海中において拡散するよう必要な措置を講じるよう努めなければならない。排出方法は限定されていない。
* 漁ろう活動に伴い生じる正群魚及びその一部は、特定沿岸海域及び指定海域を除く全ての海域において排出することができる。排出方法は限定されていない。
* 貨物艙等の洗浄水は、特別海域、海洋施設等周辺海域及び指定海域を除く全ての海域において排出することができる。ただし、航行中に排出すること。排出方法は限定されていない。
* 船体外側の洗浄水は、その水質が国土交通省令で定める基準に適合するものに限る。
* 一般海域とは、特別海域を除く海域をいう。
* 特別海域とは、南極海域、バルティック海域、北海海域、ガルフ海域、地中海海域及び拡大カリブ海域をいう。

（注）　ここでいう特別海域とは，便宜上の呼び方で，法令上の特別海域は34ページ
　　　　（注2）又は44ページ下段（注1）参照のこと。

7.　油濁防止規程

　　総トン数150トン以上のタンカー及び総トン数400トン以上のタンカー以
外の船舶（内航非自航船を除く。）には，油濁防止規程を定めることが義務
づけられており，その内容は，油の不適正な排出の防止に関する業務の管理
に関する事項及び油の取扱いに関する作業を行う者が遵守すべき事項その他
油の不適正な排出の防止に関する事項について定める。

8.　油記録簿

　　タンカー及びタンカー以外のビルジが生じることがある船舶には，油記録
簿を船舶内に備え付けることが義務づけられており，油の排出その他油の取
扱いに関する作業が行われたときは，その都度，記載を行う。船長は，最後
の記載をした日から3年間船舶内に保存しなければならない。

9.　油濁防止緊急措置手引書

　　総トン数150トン以上のタンカー及び総トン数400トン以上のタンカー以
外の船舶（内航非自航船を除く。）には，油濁防止緊急措置手引書を定める
ことが義務づけられており，その内容は，船舶から油の不適正な排出があ
り，又は排出のおそれがある場合において，船員が直ちにとるべき措置に関
する事項を定める。

10.　船舶発生廃棄物汚染防止規程

　　総トン数100トン以上の船舶及び最大搭載人員15人以上の船舶には，船
舶発生廃棄物汚染防止規程を定めることが義務づけられており，その内容
は，船舶発生廃棄物の取扱いに関する作業を行う者が遵守すべき事項，その
他発生廃棄物の不適切な排出の防止に関する事項を定める。

11.　船舶発生廃棄物記録簿

　　国際航海に従事する総トン数400トン以上の船舶及び最大搭載人員15人
以上の船舶は，船舶発生廃棄物記録簿を備え付け，発生廃棄物の海域におけ
る排出（排出時の日時，位置及び廃棄物の種類，量等），発生廃棄物の焼却

（焼却開始・終了の日時，位置及び廃棄物の種類，量等）を記載する。船長は，最後の記載をした日から2年間船舶内に保存しなければならない。

12. 船舶発生廃棄物の排出に関して遵守すべき事項等の掲示

　　全長12メートル以上の船舶（海底及びその下における鉱物資源の掘採に従事しているものを除く。）には，船内にある船員その他の者が船舶発生廃棄物の排出について遵守すべき事項，発生廃棄物の不適性な排出の防止に関する事項を船内において見やすいように掲示しなければならない。

　　国際航海に従事する船舶は，掲示に英語，フランス語又はスペイン語の訳文を付さなければならない。

13. 船舶からの排出ガスの放出の規制

　　船舶からの大気汚染防止を世界的に規制するため，次のような規制がされている。

　　① 船舶の原動機（定格出力130 kWを超えるディーゼル機関）から放出されるNOx（窒素酸化物）の基準を定め，基準に適合する原動機の設置及び運転が義務づけられている。

　　② 船舶の原動機から放出されるSOx（硫黄酸化物）を低減するため，使用する燃料油の品質の基準を定めている。

　　　イ バルティック海海域，北海海域，北米海域及び米国カリブ海海域で使用する燃料油の硫黄分の濃度は質量百分率0.1%以下であること。

　　　ロ イ以外の海域で使用する燃料油の硫黄分の濃度は質量百分率0.5%以下であること。

　　　ハ 無機酸を含まないこと。

　　③ オゾン層破壊物質（特定フロン，特定ハロン等）を含む材料を使用した船舶又はオゾン層破壊物質を含む設備を設置した船舶を航行の用に供してはならない。

14. 油，有害液体物質等及び廃棄物の焼却の規制

　　焼却が海洋環境の保全等に著しい障害を及ぼすおそれがあるものとして船舶において焼却することが禁止されている油等以外の船舶において生じる不

要な油等は，船舶発生油等焼却設備を用いて焼却しなければならない。ただし，燃料油及び潤滑油の浄化，機関区域における油の漏出等により生じる油性残留物は，港則法に基づく港の区域又は外国の港の区域のいずれにも属さない海域において，船舶に設置された原動機又はボイラを用いて焼却する場合は，この限りではない。

第3節　海洋汚染の環境に及ぼす影響

　海洋汚染等及び海上災害の防止に関する法律の目的の一つである海洋の汚染の防止における「海洋の汚染」とは，海洋を人為的な方法により，物理的化学的に変化させ，海洋に係る資源，自然環境，美観，衛生等人と海洋の利用関係に悪影響を及ぼすことを意味するものと考えられる。

　「海洋環境」とは，海洋の物理的，化学的若しくは生物学的状態等の自然な状態及び自然な機能をいい，海洋に係る資源，美観，衛生等は海洋環境に含まれるものと解すべきである。したがって，油や有害液体物質の排出による水産動植物資源への損害，ごみ等の浮遊による美観，自然環境への悪影響等はもちろんのこと，固形物の堆積による海底地形変更，着色の汚水による海の色の変化，温水による海水温の上昇等も全て海洋の汚染による環境に及ぼす影響である。

　第2章第1節§1. 船舶による海洋の汚染及び大気の汚染の原因並びにこれらの防止方法参照

第3章　損傷制御

第1節　浸水の予防法

1.　防水装置

　　船が衝突や座礁などの災害にあって，船内に海水が浸入した場合，これを最小限に食い止めて船の安全を保つことは最も大切である。そのため，次の防排水装置を設ける。

(1)　図17のように水密戸や水密隔壁を設けて船内を数個の水密区画に分け，浸水したときの被害を最小限に抑えている。

(2)　船底を二重にして，万一外板が損傷しても安全なようにする。

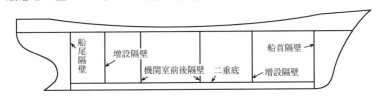

図17　鋼船の水密隔壁

(3)　排水装置を設ける。

　　ビルジポンプの数，吸入箇所，吸引能力及びビルジ管の内径などについては船舶機関規則及び同規則船舶検査心得附属書に規定されている。

2.　浸水予防上の注意

(1)　常にビルジの状態を確かめること。

(2)　入港後は，従来の海水潤滑式船尾管の場合はグランドパッキンを忘れずに締めること。端面シール式船尾管ではその必要はない。

(3)　船外弁は入渠中に腐食の有無や継続使用の可否を確かめておくこと。

(4)　海水やビルジの諸弁は，使用の都度，確実に開閉する習慣を機関部員につけさせるよう指導すること。

(5)　防水処置用器材の使用法やその応用について十分な知識をもつこと。

(6)　防水操練により応急処置法の練度の向上を図ること。

(7)　応急処置用器材を整備しておくこと。

　器材名

　　くさび・木栓・円材・当板・遮防板・遮防箱・セメント・ボルト・か

すがい・ハンマ・掛矢・つち・のこぎり・まいはだ・防水マット・キャ

ンバスなど

第2節　機関室その他の船内に浸水 する場合の応急処置

(1)　機関室浸水を発見したならば，当直員にこれを知らせて，浸水箇所の確認
を急ぐとともに，とりあえず排水ポンプを始動し，この旨船橋にも急報す
る。

(2)　浸水原因が海水系諸ポンプ付属の弁や管の腐食破口などによる場合は，浸
水過多であっても防止処置は容易であるが，外板破口による場合には，次の
処置を取る。

　①　小破口の場合

　　イ　まいはだをコーキンするか，適当な大きさの木栓又はくさびなどを打
ち込んだあとさらにまいはだをコーキンする。

　　ロ　その破口部分を覆う程度の大きさの遮防箱を当てて円材で支える。

　②　大破口の場合

　　イ　防水マットを船外から破口部に当てて排水ポンプで排水する。

　　ロ　防水マットがない場合は，キャンバスを数枚重ねて，その一面にター
ルを塗布し，その上にまいはだを散布して破口部に当てて排水する。

　　ハ　一区画が浸水した場合には，その隣り合わせの隔壁を当板・円材・く
さびなどを使用して補強する。

第4章　船内作業の安全

船内作業において災害を防止するために遵守すべき事項

第5章第1節§2.　船員労働安全衛生規則〈船員の遵守事項〉参照

1. 災害発生の原因

(1)　物的要因

① 施設の不備

② 道具類の欠陥

③ 材料の不備

④ 安全標識の不十分

⑤ 整理整頓の不十分

⑥ 照明，換気，温度，騒音，有毒ガス等についての問題点の存在

⑦ 服装，はき物等の不備

⑧ 保護具の機能や使用上の欠陥

(2)　人的要因

① 作業知識の不足

② 作業人員，方法，連絡等の不適当

③ 精神的欠陥，能力の不足

④ 規則や命令の無視

⑤ 無気力，軽率，衝動的な行動

⑥ 体力の不足，欠陥，疲労

⑦ 睡眠不足，飲酒，薬物の影響

　船員労働安全衛生規則では，船内作業による危害の防止及び船内衛生の保持に関し，安全担当者，消火作業指揮者及び衛生担当者を選任し，船長による統括管理をするよう定め，これらの者等で構成する船内安全衛生委員会を設け，船内における安全管理，火災予防及び消火作業並びに衛生管理のための基本となるべき対策等を調査審議し，船舶所有者に意見を述べるよう定め

ている。また，災害防止対策としての安全基準と疾病予防上の衛生基準をそれぞれ定めている。

2.　災害防止対策

　　船内における災害を防止するためには，船員各自が安全について正しい知識をもつことが大切である。

　⑴　安全教育

　　　船員労働安全衛生規則では，船舶所有者は船員に対し次のような事項について教育しなければならないことになっている。

　　①　船内の安全及び衛生に関する基礎的事項

　　②　船内の危険な又は有害な作業についての作業方法

　　③　保護具，命綱，安全ベルト及び作業用救命衣の使用方法

　　④　船内の安全及び衛生に関する規定を定めた場合は，その規定の内容

　　⑤　乗り組む船舶の設備及び作業に関する具体的事項

　⑵　防止対策の改善

　　　災害の状況を正しくつかんで，原因を調査し，二度と災害を繰り返さないようにするため，災害事例や，災害統計等の資料によって防止対策を改善する必要がある。

　⑶　災害防止のための具体的注意

　　　第5章第1節§2. 船員労働安全衛生規則参照

　　①　安全設備

　　　　災害の発生は不安全状態（物的要因）と不安全行動（人的要因）によって引き起こされる。したがって，災害を防止するためにはこれらの要因を排除する必要がある。不安全状態を取り除くため，船員労働安全衛生規則では表1に示す安全基準を規定している。

　　②　安全行動

　　　　不安全行動を取り除くため，船員労働安全衛生規則では，表2に示すような個別作業基準を規定している。以上のほか，安全対策及び措置については表3に示す。

表 1　安全基準
（船員労働安全衛生規則）

要　　旨	条　項
作業環境の整備等	第17条
接触等からの防護	第18条
通行の安全	第19条
器具等の整とん	第20条
密閉区画からの脱出装置等	第21条
燃え易い廃棄物の処理	第22条
液化石油ガスの取扱い	第22条の2
管系等の表示	第23条
安全標識等	第24条
照明	第25条
床面等の安全	第26条
足場等の安全	第27条
海中転落の防止	第27条の2

表 3　安全対策及び措置
（船員労働安全衛生規則）

要　　旨	条項
経験又は技能を要する危険作業	第28条
連続作業時間の制限等	第70条
貨物の消毒のためのくん蒸	第71条
ねずみ族及び虫類の駆除のためのくん蒸	第72条
年少船員の就業制限	第74条
妊産婦の就業制限	第75条
妊産婦以外の女子船員の就業制限	第76条

表 2　個別作業基準
（船員労働安全衛生規則）

要　　旨	条項
火薬類を取り扱う作業	第46条
塗装作業及び塗装剥離作業	第47条
溶接作業，溶断作業及び加熱作業	第48条
危険物等の検知作業	第49条
有害気体等が発生するおそれのある場所等で行う作業	第50条
高所作業	第51条
げん外作業	第52条
高熱物の付近で行う作業	第53条
重量物移動作業	第54条
揚貨装置を使用する作業	第55条
揚投びょう作業及びけい留作業	第56条
漁ろう作業	第57条
感電のおそれのある作業	第58条
さび落とし作業及び工作機械を使用する作業	第59条
粉じんを発散する場所で行う作業	第60条
高温状態で熱射又は日射を受けて行う作業	第61条
水又は湿潤な空気にさらされて行う作業	第62条
低温状態で行う作業	第63条
騒音又は振動の激しい作業	第64条
倉口開閉作業	第65条
船倉内作業	第66条
機械類の修理作業	第67条
着氷除去作業	第68条
引火性液体類等に係る作業	第69条

③　安全装具

　　種々の船内作業において，作業員は災害から自身を守るため作業の種類に応じた適当な保護具を使用しなければならない。また，船内には燃料油，各種塗料やその溶剤などを貯蔵しているが，これら溶剤類から発生するガスは引火性のものであり，また，これによる中毒を起こしやすいので，これらの貯蔵場所への火気接近は厳禁すべきで，常に通風換気

に努めるほか，所用で接近する場合はガス検知器を使用して，ガスの有無の検知を怠ってはならない。

　検知器具及び保護具には表4に示すようなものがある。

表4　検知器具及び保護具
（船員労働安全衛生規則）

検知器具　　　　　　　　　　　　　　第44条

1.　酸素の量を計るために必要な検知器具－酸素測定器 2.　人体に有害な気体の量を計るために必要な検知器具－ガス検知器

保護具　　　　　　　　　　　　　　　第45条

1.　頭の保護具	保護帽（安全帽）
2.　目の保護具	防じん眼鏡・防災面・サングラス・遮光眼鏡
3.　耳の保護具	耳栓・イヤーマフ
4.　顔の保護具	保護面
5.　呼吸用保護具	防じんマスク・防毒マスク・自蔵式呼吸具・送気式呼吸具
6.　手の保護具	一般作業用手袋・溶接用手袋・絶縁用ゴム手袋・耐酸，化学薬品用手袋・耐熱手袋・防寒手袋・耐震手袋・塗布剤（保護クリーム）
7.　足の保護具	保護靴（安全靴）・静電保護靴（静電安全靴）・絶縁用ゴム長ぐつ
8.　身体の保護具	安全ベルト・命綱・作業用救命衣
9.　皮膚の保護具	保護衣・防寒衣・静電作業衣・防寒帽・日除帽・溶接用前掛け

④　個別作業基準（船員労働安全衛生規則。以下，この章において「労安則」という。）

　イ　火傷や火災などのおそれのある作業（労安則第46条—第48条）

　　　塗料や溶剤のなかに多いベンゾール，トルオール，ケトンなど引火性又は可燃性のものに対し，また，アセチレンガスなどによる溶接作業の場合，いずれも火災や爆発を防ぐため火気を厳禁するばかりでなく，着火源となるような器具類の使用を禁止し，さらに消火用具の完備に注意をはらう必要がある。

　ロ　爆発，ガス中毒又は窒息のおそれのある作業（労安則第49条・第50条）

　可燃性ガスによる爆発事故，有害ガス中毒，酸素欠乏による事故が発生するおそれのある場所で作業する場合は，検知器による熟練者の指導によって安全性を確かめながら作業を行い，必要に応じて保護具を用いる。

ハ　墜落のおそれのある作業（労安則第 51 条・第 52 条）

　船舶は動揺するから，高所作業やげん外作業では，作業者に命綱又は安全ベルトを使用させ，煙突や汽笛などの作業を行う場合は，連絡をよくして作業者や作業場の下を通行するものに災害を及ばさないような注意が必要である。

ニ　高熱物の付近で行う作業（労安則第 53 条）

　火傷のおそれのある作業では，防熱手袋，保護衣その他の必要な保護具を使用する。

ホ　重量物移動作業（労安則第 54 条）

　ブロック，テークル，索などは許容荷重の範囲内で使用し，用具にむりのないように余裕をもたせる。作業前に用具をよく点検し，ボルトや緩みやかん合部の摩滅などの有無を確かめてから行う。また，作業者は保護靴，保護帽，保護手袋，肩当てなど必要に応じて使用する。

ヘ　感電のおそれのある作業（労安則第 58 条）

　作業に従事する者は絶縁用のゴム手袋，ゴム長ぐつその他の必要な保護具を使用する。

ト　その他の環境での作業（労安則第 59 条―第 64 条）

　さび落としや工作機械の作業のように金くずなどの飛ぶ危険な作業では，保護眼鏡を使用する。粉じんを発散する場所での作業には，防じん性呼吸具や保護眼鏡を用いる。

　熱射又は日射を受ける場所で行う作業，水又は湿った空気中での作業，低温状態で行う作業，騒音や振動の激しい中の作業では，それに適した保護具を使用して作業者の安全を守らなければならない。

第5章　海事法令及び国際条約

　機関部職員に関係ある法令としては，船員法，船舶職員及び小型船舶操縦者法，海難審判法，船舶安全法及び海洋汚染等及び海上災害の防止に関する法律並びにこれらに基づく命令があげられる。これらの法令がどのようなものであるかを知るには，これらの法令がどのような目的でつくられたかを考えてみるのが一番要を得た方法であると思われる。

　多くの法令は第1条にその法令が制定された目的があげられている。これらの目的を見ると，表現は相違するが，どれも海難防止に寄与することを目的としていることがわかる。

　船員法は人の面から，船舶職員及び小型船舶操縦者法は技能の面から，船舶安全法は物の面から海難防止を図っている。また，海難審判法では海難を発生させた当事者（免許等受有者）を懲戒することで海難の発生の防止に寄与するとしている。

〈法令の種類〉

(1)　法律：国会で可決されて成立する。

(2)　政令：内閣の制定する命令

(3)　省令：各省大臣が発する命令

(4)　告示又は公示：公の機関が，その決定した事項を公式に広く知らせる行為であり，具体的には官報がある。

(5)　条例：地方公共団体がその議会で定める規定

第1節　船員法及びこれに基づく命令

§1.　船員法及び同法施行規則

1.　総　　則

(1)　船員法の目的

　　日本船舶又は日本船舶と同視することができる船舶に乗り組む船員に適用される法律であって，船員の保護，取締りを目的とし，航海上の公安を維持するのに必要な権利と義務とを規定している。

(2)　船　　員

　　船員とは，日本船舶又は日本船舶以外の国土交通省令で定める船舶に乗り組む船長及び海員並びに予備船員をいう。

(3)　船員法の適用範囲

　　船員法は次の船舶以外の日本船舶又は日本船舶以外の国土交通省令で定める船舶に適用される。

①　総トン数5トン未満の船舶

②　湖，川又は港のみを航行する船舶

③　政令の定める総トン数30トン未満の漁船

④　小型船舶であって，スポーツ又はレクリエーションの用に供するヨット，モーターボートその他のその航海の目的，期間及び態様，運航体制等からみて船員労働の特殊性が認められない船舶として国土交通省令の定めるもの

(4)　海　　員

　　海員とは，船内で使用される船長以外の乗組員で労働の対償として給料その他の報酬を支払われる者をいう。

(5)　予備船員

　　予備船員とは，船舶に乗り組むため雇用されている者で船内で使用されていないものをいう。

(6)　職　　員

　　職員とは，航海士，機関長，機関士，通信長，通信士及び国土交通省令で定めるその他の海員をいい，部員とは職員以外の海員をいう。その他の海員とは次に掲げる海員とする。

①　運航士

②　事務長及び事務員

③　医師

④　その他航海士，機関士又は通信士と同等の待遇を受ける者

(7)　給料及び労働時間

　　　給料とは，船舶所有者が船員に対し一定の金額により定期に支払う報酬のうち基本となるべき固定給をいう。

　　　労働時間とは，船員が職務上必要な作業に従事する時間（海員にあっては，上長の職務上の命令により作業に従事する時間に限る。）をいう。

2.　発航前の検査

　　船長は，国土交通省令の定めるところにより，発航前に船舶が航海に支障ないかどうかその他航海に必要な準備が整っているかいないか，次に掲げる事項を検査しなければならない。

(1)　船体，機関及び排水設備，操舵設備，係船設備，揚錨設備，救命設備，無線設備その他の設備が整備されていること。

(2)　積載物の積付けが船舶の安定性をそこなう状況にないこと。

(3)　喫水の状況から判断して船舶の安全性が保たれていること。

(4)　燃料，食料，清水，医薬品，船用品その他の航海に必要な物品が積み込まれていること。

(5)　水路図誌その他の航海に必要な図誌が整備されていること。

(6)　気象通報，水路通報その他の航海に必要な情報が収集されており，それらの情報から判断して航海に支障がないこと。

(7)　航海に必要な員数の乗組員が乗り組んでおり，かつ，それらの乗組員の健康状態が良好であること。

(8)　その他，航海を支障なく成就するため必要な準備が整っていること。

3.　非常配置表及び操練

(1)　非常配置表

　　　次の船舶の船長は，非常の場合における海員の作業に関し，非常配置表を定め，これを船員室その他適当な場所に掲示して置かなければならない。

① 旅客船

② 旅客船以外の遠洋区域又は近海区域を航行区域とする船舶

③ 特定高速船

④ 専ら沿海区域において従業する漁船以外の漁船

(2)　操　練

　上記(1)の船舶の船長は，国土交通省令の定めるところにより，海員及び旅客について，防火操練，救命艇操練その他非常の場合のために必要な操練を実施しなければならない。

① 防火操練

　防火戸の閉鎖，通風の遮断及び消火設備の操作を行うこと。

② 救命艇等操練

　救命艇等の振出し又は降下及びその付属品の確認，救命艇の内燃機関の始動及び操作並びに救命艇の進水及び操船を行い，かつ，進水装置用の照明装置を使用すること。

③ 救助艇操練

　救助艇の進水及び操船並びにその付属品の確認を行うこと。

④ 防水操練

　水密戸，弁，舷窓その他の水密を保持するために必要な閉鎖装置の操作を行うこと。

⑤ 非常操舵操練

　操舵機室からの操舵設備の直接の制御，船橋と操舵機室との連絡その他操舵設備の非常の場合における操舵を行うこと。

⑥ 密閉区画における救助操練

　保護具，船内通信装置及び救助器具を使用し，並びに救急措置の指導を行うこと。

⑦ 損傷制御操練

　旅客船にあつては，前各号に掲げるところによるほか，復原性計算機の利用，損傷制御用クロス連結管の操作その他の損傷時における船舶の

復原性を確保するために必要な作業を行うこと。

⑧　特定高速船における操練

前各号に掲げるところによるほか，次に定めるところにより実施すること。

イ　防火操練：火災探知装置，船内通信装置及び警報装置の操作並びに旅客の避難の誘導を行うこと。

ロ　救命艇等操練：非常照明装置及び救命艇等に付属する救命設備の操作並びに海上における生存方法の指導を行うこと。

ハ　防水操練：ビルジ排水装置の操作及び旅客の避難の誘導を行うこと。

4.　航行に関する報告

船長は，次のいずれかに該当する場合には，国土交通大臣にその旨を報告しなければならない。

(1)　船舶の衝突，乗揚げ，沈没，滅失，火災，機関の損傷その他の海難が発生したとき。

(2)　人命又は船舶の救助に従事したとき。

(3)　無線通信によって知ったときを除いて，航行中他の船舶の遭難を知ったとき。

(4)　船内にある者が死亡し，又は行方不明となったとき。

(5)　予定の航路を変更したとき。

(6)　船舶が抑留され，又は捕獲されたときその他船舶に関し著しい事故があったとき。

5.　紀　律

(1)　船内秩序

船員法では，船内秩序を保持するために海員が守らなければならない事項を次のように定めている。

①　上長の職務上の命令に従うこと。

②　職務を怠り，又は他の乗組員の職務を妨げないこと。

③　船長の指定する時までに船舶に乗り込むこと。

④　船長の許可なく船舶を去らないこと。

⑤　船長の許可なく救命艇その他の重要な属具を使用しないこと。

⑥　船内の食料又は淡水を濫費しないこと。

⑦　船長の許可なく電気若しくは火気を使用し，又は禁止された場所で喫煙しないこと。

⑧　船長の許可なく日用品以外の物品を船内に持ち込み，又は船内から持ち出さないこと。

⑨　船内において争闘，乱酔その他粗暴の行為をしないこと。

⑩　その他船内の秩序を乱すようなことをしないこと。

(2)　懲　戒

①　船長は，海員が上記(1)の船内秩序を守らないときは，これを懲戒することができる。

②　懲戒は，上陸禁止及び戒告の2種とし，上陸禁止の期間は，初日を含めて10日以内とし，その期間には，停泊日数のみを算入する。

③　船長は，海員を懲戒しようとするときは，3人以上の海員を立ち会わせて本人及び関係人を取り調べた上，立会人の意見を聴かなければならない。

(3)　危険に対する処置

①　船長は，海員が凶器，爆発又は発火しやすい物，劇薬その他の危険物を所持するときは，その物につき保管，放棄その他の処置をすることができる。

②　船長は，船内にある者の生命若しくは身体又は船舶に危害を及ぼすような行為をしようとする海員に対し，その危害を避けるのに必要な処置をすることができる。

③　船長は，必要があると認めるときは，旅客その他船内にある者に対しても，上記①及び②に規定する処置をすることができる。

(4)　強制下船

　　船長は，雇入契約の終了の届出をした後当該届出に係る海員が船舶を去らないときは，その海員を強制して船舶から去らせることができる。

(5)　行政庁に対する援助の請求

　　船長は，海員その他船内にある者の行為が人命又は船舶に危害を及ぼしその他船内の秩序を著しくみだす場合において，必要があると認めるときは，行政庁に援助を請求することができる。

(6)　争議行為の制限

　　労働関係に関する争議行為は，船舶が外国の港にあるとき，又はその争議行為により人命若しくは船舶に危険が及ぶようなときは，これをしてはならない。

6.　安全及び衛生

(1)　船舶所有者は，作業用具の整備，船内衛生の保持に必要な設備の設置及び物品の備付け，船内作業による危害の防止及び船内衛生の保持に関する措置の船内における実施及びその管理の体制の整備その他の船内作業による危害の防止及び船内衛生の保持に関し船員労働安全衛生規則等で定める事項を遵守しなければならない。

(2)　船舶所有者は，船員労働安全衛生規則で定める危険な船内作業については，同規則で定める経験又は技能を有しない船員を従事させてはならない。

(3)　船舶所有者は，伝染病にかかった船員，心身の障害により作業を適正に行うことができない船員又は労働に従事することによって病勢の増悪するおそれのある疾病にかかった船員を作業に従事させてはならない。

(4)　船員は，船内作業による危害の防止及び船内衛生の保持に関し船員労働安全衛生規則の定める事項を遵守しなければならない。

7.　就業制限

〈年少船員〉

(1)　船員の年齢

①　船舶所有者は，年齢16年未満の者（漁船にあっては，年齢15年に達

した日以後の最初の3月31日が終了した者を除く。）を船員として使用
してはならない。ただし，同一の家庭に属する者のみを使用する船舶に
ついては，この限りでない。

　②　船舶所有者は，年齢18年未満の者を船員として使用するときは，その
　者の船員手帳に国土交通大臣の認証を受けなければならない。

(2)　年少船員の危険作業等

　　船舶所有者は，年齢18年未満の船員を危険な船内作業又は安全及び衛
　生上有害な作業に従事させてはならない。

(3)　夜間労働の禁止

　　船舶所有者は，年齢18年未満の船員を午後8時から翌日の午前5時ま
　での間において作業に従事させてはならない。ただし，国土交通省令の定
　める場合において午前零時から午前5時までの間を含む連続した9時間の
　休息をさせるときは，この限りでない。

(4)　規定の例外

　　上記(3)の規定は次の場合には，適用されない。

　①　人命，船舶若しくは積荷の安全を図るため又は人命若しくは他の船舶
　　を救助するため緊急を要する作業に従事する場合

　②　漁船及び船舶所有者と同一の家庭に属する者のみを使用する船舶の場
　　合

〈女子船員〉

(1)　妊産婦（妊娠中又は出産後1年以内の女子）の就業制限

　①　船舶所有者は，妊娠中の女子を船内で使用してはならない。ただし，
　　妊娠中の女子が船内で作業に従事することを申し出た場合において，母
　　性保護上支障がないと医師が認めたとき又は妊娠中であることが航海中
　　に判明した場合において，船舶の航海の安全を図るために必要な作業に
　　従事するときは，この限りでない。

　②　船舶所有者は，出産後8週間を経過しない女子を船内で使用してはな
　　らない。ただし，出産後6週間を経過した女子が船内で作業に従事する

　　ことを申し出た場合において，母性保護上支障がないと医師が認めたときは，この限りでない。

(2)　女子船員の有害作業

　　船舶所有者は，妊産婦の船員を母性保護上有害な作業及び妊産婦以外の女子の船員を女子の妊娠又は出産に係る機能に有害な作業に従事させてはならない。

(3)　夜間労働の制限

　　船舶所有者は，妊産婦の船員を午後8時から翌日の午前5時までの間において作業に従事させてはならない。ただし，国土交通省令で定める場合において，これと異なる時刻の間において午前零時前後にわたり連続して9時間休息させるときは，この限りでない。この規定は，出産後8週間を経過した妊産婦の船員が本文の時刻の間において作業に従事すること又はただし書の規定による休息時間を短縮することを申し出た場合において，母性保護上支障がないと医師が認めたときは，適用しない。

(4)　規定の例外

　　妊産婦及び女子船員についての，例外規定は次のとおりである。

①　船舶所有者が妊産婦の船員を人命，船舶若しくは積荷の安全を図るため又は人命若しくは他の船舶を救助するため緊急を要する作業に従事させる場合には，上記(3)の規定は，これを適用しない。

②　女子船員についての規定は，船舶所有者と同一の家庭に属する者のみを使用する船舶については，これを適用しない。

§2.　船員労働安全衛生規則

〈船員の遵守事項〉

(1)　船員は，次に掲げる行為をしてはならない。

①　危険物，消火器具置場，墜落の危険のある開口，高圧電路の露出箇所，担架置場等，非常の際の脱出通路等に施された防火標識又は禁止標識に表示された禁止行為

②　火薬類を取り扱う作業，引火性若しくは可燃性の塗料又は溶剤を使用しての作業及び溶接溶断作業に規定された火気の使用又は喫煙

(2)　船員は次の作業において保護具の使用を命ぜられたときは，当該保護具を使用しなければならない。

①　人体に有害な性質の塗料又は溶剤を使用しての塗装又は塗装剥離作業……マスク，保護手袋その他の必要な保護具

②　溶接及び溶断作業……保護眼鏡，保護手袋

③　危険物等の検知作業（危険物の状態又は人体に有害な気体若しくは酸素の量を検知する作業）……呼吸具，保護眼鏡，保護衣，保護手袋等

④　人体に有害な気体が発散するおそれのある場所又は酸素が欠乏するおそれのある場所においての作業……呼吸具，保護眼鏡，保護衣，保護手袋等

⑤　床面から2メートル以上の高所であって，墜落のおそれのある場所における作業……保護帽，命綱又は安全ベルト

⑥　火傷を受けるおそれのある高熱物質又は火炎に触れ易い場所における作業……防熱性の手袋，保護衣等

⑦　ドラム缶等重量物を人力により移動する作業……保護靴，保護帽等

⑧　揚貨装置を使用する作業……保護帽等

⑨　感電のおそれのある作業……絶縁用のゴム手袋，ゴム長ぐつ等

⑩　さび落とし作業……保護眼鏡等

⑪　粉じんを著しく発散する場所での作業……防じん性の呼吸具，保護眼鏡等

⑫　高温状態で熱射又は日射を受けて行う作業……天幕等の設置，保護帽，保護眼鏡，保護衣，保護手袋等

⑬　タンク内の水洗作業等……保護帽，防水衣，防水手袋，長ぐつ等

⑭　寒冷地域における甲板上の作業，冷凍庫内における作業……防寒帽，防寒衣，防寒手袋等

⑮　騒音又は振動の激しい作業（高速機械の運転，動力さび落とし機の使

用）……耳栓，保護手袋，耐震手袋等

第2節　船舶職員及び小型船舶操縦者法並びに 同法施行令及び同法施行規則

1. 目　的

　　船舶職員として船舶に乗り組ませるべき者の資格並びに小型船舶操縦者として小型船舶に乗船させるべき者の資格及び遵守事項等を定め，もって船舶の航行の安全を図ることを目的とする。

2. 船舶職員

　　船舶職員とは，船舶において，船長，航海士，機関長，機関士，通信長及び通信士の職務を行う者をいう。この船舶職員には，運航士を含む。

3. 運航士

　　運航士とは，船舶の設備その他の事項に関し国土交通省令で定める基準に適合する船舶（近代化船）において，航海士又は機関士の職務のうち当直業務を中心とする一定の職務を行う者をいう。なお，運航士が乗り組む船員制度近代化船の運航は廃止された。

4. 海技免許の取消し等

　　国土交通大臣は，海技士が次のいずれかに該当するときは，その海技免許を取り消し，2年以内の期間を定めてその業務の停止を命じ，又はその者を戒告することができる。

(1)　この法律又はこの法律に基づく命令の規定に違反したとき。

(2)　海技士が心身の障害により船舶職員の職務を適正に行うことができない者として国土交通省令で定めるもの（身体適正に関する基準を満たしていない者）になったと認めるとき。

　　国土交通大臣は，海技免許の取消しをしようとするときは，交通政策審議会の意見を聴かなければならない。

5. 四級海技士（機関），五級海技士（機関）免状の行使範囲

船　　　　　舶		船舶職員	資　　格
航行区域等	推進機関の出力		
平水区域を航行区域とする船舶	750 kW 未満	機　関　長	6級海技士
	750 kW 以上 3000 kW 未満	機　関　長	5級海技士
	3000 kW 以上	機　関　長 一等機関士	4級海技士 5級海技士
沿海区域を航行区域とする船舶及び丙区域内において従業する漁船	750 kW 未満	機　関　長	6級海技士
	750 kW 以上 1500 kW 未満	機　関　長 一等機関士	5級海技士 6級海技士
	1500 kW 以上 6000 kW 未満	機　関　長 一等機関士	4級海技士 5級海技士
	6000 kW 以上	一等機関士	4級海技士
近海区域を航行区域とする船舶であって国土交通省令で定める区域のみを航行するもの（限定近海貨物船）	750 kW 未満	機　関　長	5級海技士
	750 kW 以上 1500 kW 未満	機　関　長 一等機関士	4級海技士 5級海技士
	1500 kW 以上 6000 kW 未満	機　関　長 一等機関士 二等機関士	4級海技士 5級海技士 5級海技士
	6000 kW 以上	一等機関士 二等機関士	4級海技士 5級海技士
近海区域を航行区域とする船舶及び乙区域内において従業する漁船	750 kW 未満	機　関　長	5級海技士
	750 kW 以上 1500 kW 未満	機　関　長 一等機関士	4級海技士 5級海技士
	1500 kW 以上 3000 kW 未満	一等機関士 二等機関士	4級海技士 5級海技士
	3000 kW 以上 6000 kW 未満	一等機関士 二等機関士 三等機関士	4級海技士 5級海技士 5級海技士
	6000 kW 以上	二等機関士 三等機関士	4級海技士 5級海技士
遠洋区域を航行区域とする船舶及び甲区域内において従業する漁船	750 kW 未満	機　関　長 一等機関士	4級海技士 5級海技士
	750 kW 以上 1500 kW 未満	一等機関士 二等機関士	4級海技士 5級海技士
	1500 kW 以上 3000 kW 未満	二等機関士	4級海技士
	3000 kW 以上 6000 kW 未満	三等機関士	4級海技士

6. 海技免状又は操縦免許証の携行

　　海技士又は小型船舶操縦士は，船舶職員として船舶に乗り組む場合又は小型船舶操縦者として小型船舶に乗船する場合には，船内に海技免状又は操縦免許証を備え置かなければならない。

7. 海技免状又は操縦免許証の譲渡等の禁止

　　海技士又は小型船舶操縦士は，その受有する海技免状又は操縦免許証を他人に譲渡し，又は貸与してはならない。

8. 締約国の資格証明書を受有する者の特例

　　1978年の船員の訓練及び資格証明並びに当直の基準に関する国際条約の締約国が発給した条約に適合する船舶の運航又は機関の運転に関する資格証明書を受有する者であって国土交通大臣の承認を受けたものは，船舶職員になることができ，海技免状を受有していなくても乗組み基準に定める職の船舶職員として，その船舶に乗り組むことができる。これが，国際船舶制度である。

第3節　海難審判法

1. 目　的

　　職務上の故意又は過失によって海難を発生させた海技士若しくは小型船舶操縦士又は水先人に対する懲戒を行うため，国土交通省に設置する海難審判所における審判の手続等を定め，もって海難の発生の防止に寄与することを目的とする。

2. 定　義

　　「海難」とは，次に掲げるものをいう。

　(1)　船舶の運用に関連した船舶又は船舶以外の施設の損傷

　(2)　船舶の構造，設備又は運用に関連した人の死傷

　(3)　船舶の安全又は運航の阻害

3.　懲　戒

(1)　海難審判所は，海難が海技士（承認を受けた者を含む。）若しくは小型船舶操縦士又は水先人の職務上の故意又は過失によって発生したものであるときは，裁決をもってこれを懲戒しなければならない。

(2)　懲戒は，次の3種とし，その適用は，行為の軽重に従ってこれを定める。

①　免許（承認を含む。）の取消し

②　業務の停止（業務の停止の期間は，1箇月以上3年以下とする。）

③　戒告

4.　重大な海難

重大な海難は，海難審判所が管轄し，重大な海難以外の海難は，海難の発生した地点を管轄する地方海難審判所が管轄する。

重大な海難は，次のいずれかに該当するものとする。

(1)　旅客のうちに，死亡者若しくは行方不明者又は2人以上の重傷者が発生したもの

(2)　5人以上の死亡者又は行方不明者が発生したもの

(3)　火災又は爆発により運航不能となったもの

(4)　油等の流出により環境に重大な影響を及ぼしたもの

(5)　次に掲げる船舶が全損となったもの

①　人の運送をする事業の用に供する13人以上の旅客定員を有する船舶

②　物の運送をする事業の用に供する総トン数300トン以上の船舶

③　総トン数100トン以上の漁船

(6)　上記(1)から(5)に掲げるもののほか，特に重大な社会的影響を及ぼしたものとして海難審判所長が認めたもの

5.　その他

旧海難審判庁が行っていた審判によって海難の原因を明らかにする任務は，運輸安全委員会が行うこととなった。この運輸安全委員会は，航空事故，鉄道事故及び船舶事故の原因の究明及び今後の事故防止のために必要な調査を行う。

第4節　船舶安全法及びこれに基づく省令

§1.　船舶安全法及び同法施行規則

1. 検査の執行

　(1)　定期検査

　　①　船舶を新造した場合

　　②　船舶検査証書の有効期間（5年。ただし，旅客船を除き平水区域を航行区域とする船舶又は小型船舶にして国土交通省令をもって定めるものは6年）が満了した場合

　　③　以前に検査を受ける必要がなかった船舶が，航行区域，総トン数の変更によって検査を必要とする船舶になった場合

　　以上の場合に船舶全般にわたって精密に行われる検査である。

　(2)　中間検査

表1　船舶安全法に定める中間検査

検査の種類			第一種中間検査	第二種中間検査	第三種中間検査
対象船舶			旅客船，高速船等内航貨物船及び漁船	外航貨物船	
受検の間隔			毎年受検	毎年受検	前の受検から36月以内
（船舶安全法第二条第一項）検査対象施設	1	船体	○	○	○
	2	機関	○	○	○
	3	帆走	○	／	○
	4	排水設備	○	○	○
	5	操舵，係船及び揚錨の設備	○	○	○
	6	救命及び消防の設備	○	○	／
	7	居住設備	○	／	／
	8	衛生設備	○	／	／
	9	航海用具	○	○	／
	10	危険物その他の特殊貨物の積付設備	○	○	／
	11	荷役その他の作業の設備	○	○	○
	12	電気設備	○	○	○
	13	国土交通大臣の特に定める事項	○	○	○
満載喫水線			○	○	／
無線電信等			○	○	／
上架の必要性			○	／	○

　中間検査は第一種中間検査，第二種中間検査及び第三種中間検査があり，定期検査と定期検査との中間において船舶の現状について国土交通省令の定める時期に行う簡易な検査である。

　表1には検査の種類に対する対象船舶，受検の間隔及び検査対象を，表2に対象船舶別の受検間隔を示す。

表2　対象船舶別の中間検査

I　船舶検査証書の有効期間が5年の船舶

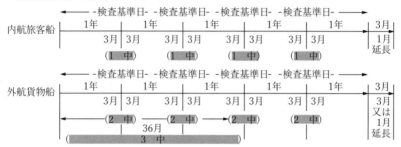

II　船舶検査証書の有効期間が6年の船舶

検査基準日：船舶検査証書の有効期間が満了する日に相当する毎年の日をいう。

　（注）図中の略語は次のとおり
　　　1中：「第1種中間検査」船体の上架を必要とする船舶の構造・設備の効力を確認する
　　　　　　検査
　　　2中：「第2種中間検査」船体の上架を必要としない設備の効力を確認する検査
　　　3中：「第3種中間検査」船体の上架が必要な船体・機関の構造を確認する検査
　　　　　3中の上の数字は，前回の上架から36月以内の間の意

（3）　臨時検査

　　定期検査又は中間検査の時期以外の時期に検査を行う必要があると認めたときに行われる。

　①　船舶の堪航性又は人命の安全の保持に影響を及ぼすおそれのある改造又は修理を行うとき。

　　イ　改造：現状に変更を加え船舶の機能，性能を変更する工事

　　ロ　修理：船舶の機能，性能が損なわれた場合に現状に復帰するための
　　　工事
　② 航行区域，最大搭載人員，制限気圧，満載喫水線の位置その他船舶検
　　査証書に記載された条件の変更を受けようとするとき。
　③ 安全管理手引書につき当該船舶の航行の安全の確保に著しい影響を及
　　ぼすおそれのある変更をしようとするとき。
　④ ボイラの安全弁の封鎖を解放して調整しようとするとき。
　⑤ 特定の事項について指定を受けた臨時検査を受けるべき時期に至った
　　とき。
(4)　臨時航行検査
　① 日本船舶を所有することができない者に譲渡する目的でこれを外国に
　　回航するとき。
　② 船舶を改造し，整備し，若しくは解撤するため，又は法による検査等
　　を受けるため，それぞれの場所に回航するとき。
　③ 船舶検査証書を受有していない船舶を臨時に航行させようとすると
　　き，必要な検査である。
(5)　特別検査
　　以上の各検査には適合しないが，国土交通大臣が特に必要ありと認めた
　とき行う検査である。
(6)　製造検査
　　長さ 30 メートル以上の船舶は，船体及び機関の製造に着手したときか
　ら，その工事の進捗に従って，その設計・材料・構造・工作などに対して
　詳細に行われる検査である。
2.　機関の検査の準備
(1)　定期検査
　① 主機（内燃機関）
　　イ　シリンダカバーを取りはずし，かつ，ピストン及びシリンダライナ
　　　を取り出すこと。

ロ　シリンダカバー，ピストン及びシリンダの冷却部を検査できるように解放すること。

ハ　クランク腕の開閉量を測定できるようにすること。

ニ　クランク軸の受金の上半並びにクロスヘッドピン及びクランクピンの受金を取りはずし，クランク軸を回転できるようにし，かつ，クランク軸とクランク腕との接合部を検査することが困難なものにあっては，クランク軸を持ち上げておくこと。

ホ　排気タービン過給機及び掃気装置の内部を検査できるように解放し，作動部分を取り出すこと。

ヘ　作動に直接関係のある重要な弁を解放すること。

② 補助機関

発電機又は船舶の推進に関係のある補機を駆動する補助機関にあっては主機に掲げたものと同じ準備を行う。

③ 動力伝達装置及び軸系

イ　動力伝達装置を解放すること。

ロ　プロペラを取りはずし，かつ，プロペラ軸及び船尾管内にある中間軸を抜き出すこと。

ハ　各軸受の上半又はカバー及びスラスト受を取りはずし，かつ，各軸を回転できるようにすること。

ニ　船尾管後端の軸受及び張出軸受と軸とのすき間を測定できるようにすること。

ホ　ピッチを変更する機構を有するプロペラのプロペラ内部の変節機構又は回転部分を検査できるように解放し，かつ，各羽根を取りはずすこと。

ヘ　ピッチを変更する機構を有するプロペラに付属する管制弁及び変節油ポンプを検査できるように解放すること。

④ ボイラ及び圧力容器

イ　ボイラの内部及び火部並びに圧力容器の内部を掃除し，マンホー

ル，どろ孔及びのぞき孔のカバーを取りはずし，かつ，付属する重要
な弁及びコックを解放すること。

ロ　ボイラの火格子さんを取り出し，かつ，煙室戸を開くこと。

ハ　ボイラの外衣の一部を取りはずし，かつ，板及び管の厚さを測定で
きるようにすること。

⑤　補機及び管装置

イ　補機の内部を検査できるように解放し，作動部分を取り出すこと。

ロ　燃料油タンク，こし器，弁，コックその他の管装置の内部を検査で
きるように解放すること。

(2)　中間検査（第一種中間検査）

①　主機（内燃機関）

イ　シリンダカバーを取りはずすこと。

ロ　クランク腕の開閉量を測定できるようにすること。

ハ　クランクピンの受金の三分の一に相当する数のクランクピンの受金
を取りはずし，かつ，クランク軸を回転できるようにすること。

ニ　排気タービン過給機及び掃気装置の内部を検査できるように解放す
ること。

②　補助機関

発電機又は船舶の推進に関係のある補機を駆動する補助機関にあって
は主機に掲げたものと同じ準備を行う。

③　動力伝達装置及び軸系

イ　減速装置ののぞき孔のカバーを取りはずすこと。ただし，のぞき孔
がない減速装置にあっては歯車の歯を検査できるように解放するこ
と。

ロ　プロペラを取りはずし，かつ，プロペラ軸及び船尾管内にある中間
軸を抜き出すこと。

ハ　各軸受（スラスト軸受を除く。）の上半又はカバーを取りはずし，
かつ，各軸を回転できるようにすること。

ニ　船尾管後端の軸受及び張出軸受と軸とのすき間を測定できるように
　　　すること。

ホ　ピッチを変更する機構を有するプロペラのプロペラ内部の変節機構
　　　又は回転部分を検査できるように解放し，かつ，羽根を一枚取りはず
　　　すこと。

④　ボイラ

　　　定期検査の準備と同じ。

⑤　補機及び管装置

　　　内部を検査できるように解放すること。

§2.　船舶設備規程（第六編　電気設備）

1.　定　義

(1)　絶縁の種類

　　　A種，B種，C種及びH種絶縁があり，絶縁材料には絶縁の種類により多
少の差異があるが，木綿，絹，紙，ベークライト，マイカ，石英，ガラス
繊維，磁器等がある。

(2)　防水型

　　　管海官庁の指定する方法で，いずれの方向から注水しても浸水しない構
造の電気機械及び電気器具の型式をいう。

(3)　水中型

　　　管海官庁の指定する圧力で，その指定する時間中，水中で連続使用する
ことができる構造の電気機械及び電気器具の型式をいう。

(4)　防爆型

　　　管海官庁の指定する爆発性ガス及び爆発性蒸気の中で使用するのに適す
るように考慮された構造の電気機械及び電気器具の型式をいう。

(5)　連続定格

　　　管海官庁の指定する条件のもとに連続使用しても本編に規定する温度上
昇限度その他の制限を超過することのない電気機械及び電気器具の定格を

いう。

(6)　短時間定格

　　冷状態より始めて，管海官庁の指定する条件のもとで，その指定する時間中使用しても，本編に規定する温度上昇限度その他の制限を超過することのない電気機械及び電気器具の定格をいう。

(7)　絶縁抵抗

　　電気機械及び電気器具の充電部と大地の間又は充電部相互間の絶縁を通常の使用状態の温度において直流500ボルト絶縁抵抗測定器で測定した抵抗をいう。

(8)　絶縁耐力

　　電気機械及び電気器具の充電部と大地の間又は充電部相互間に，通常の使用状態の温度において，本編に規定する商用周波数の交流電圧を1分間加圧して異常の生じない絶縁の強度をいう。

2.　供給電圧

　　次表に掲げる電気設備への供給電圧は，同表に規定する電圧を超えてはならない。

電気方式	種　　類	供　給　電　圧
直流方式	照明設備及び小形電気器具	250ボルト(引火点摂氏60度以下の油を積載する船舶にあっては150ボルト)
	動力設備(小形電気器具を除く。)	500ボルト(引火点摂氏60度以下の油を積載する船舶にあっては250ボルト)
	電熱設備(小形電気器具を除く。)	250ボルト
交流方式	照明設備及び小形電気器具	150ボルト
	動力設備(小形電気器具を除く。)	三相の場合には450ボルト　単相の場合には250ボルト
	電熱設備(小形電気器具を除く。)	250ボルト

3. 配電方式
   (1) 直流二線式
   (2) 直流三線式
   (3) 交流単相二線式
   (4) 交流単相三線式
   (5) 交流三相三線式
   (6) 交流三相四線式

4. 電気機械及び電気器具の配置場所
   (1) 通風が悪く，引火性ガス，酸性ガス又は油蒸気がうっ積する場所に設備してはならない。ただし，防爆型のものであればよい。
   (2) 水，蒸気，油又は熱により障害を生じるおそれのある場所に設備してはならない。ただし，正常な機能を妨害されないよう保護されたもの又は防水型若しくは水中型のものであればよい。
   (3) 他動的損傷を受けるおそれのある場所に設備してはならない。
   (4) 燃焼し易いものに近接する場所に設備してはならない。

5. 設置方向，構造及び性能
   (1) 船舶の安全性又は居住性に直接関係のある発電機，電動機その他の回転機械の軸方向は，なるべく船首尾方向と一致させなければならない。
   (2) 電気機械及び電気器具は，取扱者に危険を与えない構造のものでなければならない。
   (3) 船舶の安全性又は居住性に直接関係のある電気機械及び電気器具は，船舶が縦に 10 度若しくは横に 15 度（非常電源及び臨時の非常電源にあっては 22.5 度）傾斜している状態又は 22.5 度横揺れしている状態においてもその性能に支障を生じないものでなければならない。
   (4) 電気機械及び電気器具は，船体の振動によりその性能に支障を生じないものでなければならない。

6. 完成試験
   船舶の安全性又は居住性に直接関係のある電気機械及び電気器具は，その

使用目的に応じて必要な完成試験に合格しなければならない。

(1)　発電機

　　温度試験　過負荷耐力試験　過速度耐力試験　整流試験　絶縁抵抗試験　絶縁耐力試験　特性試験　並列運転試験

(2)　電動機

　　温度試験　過負荷耐力試験　過速度耐力試験　整流試験　絶縁抵抗試験　絶縁耐力試験　特性試験

§3.　船舶機関規則

1.　総　則

　用語の定義

　　①　機関とは，原動機，動力伝達装置，軸系，ボイラ，圧力容器，補機及び管装置並びにこれらの制御装置をいう。

　　②　主機とは，船舶の主たる推進力を得るための原動機をいう。

　　③　補助機関とは，主機以外の原動機をいう。

　　④　主要な補助機関とは，発電機（非常電源の用に供するものを除く。）を駆動する補助機関及び船舶の推進に関係のある補機を駆動する補助機関をいう。

　　⑤　ボイラとは，火炎，高温ガス又は電気により蒸気，温水等を発生させる装置をいう。

　　⑥　圧力容器とは，ボイラ以外の気体又は液体が内部にある容器又は熱交換器であって，常用最大圧力が 0.1 MPa を超えるものをいう。

2.　機関の一般要件

　(1)　材　料

　　　機関に使用する材料は，その使用目的に応じ，適正な化学成分及び機械的性質を有するものでなければならない。

　(2)　溶　接

　　　機関の溶接継手部は，溶接母材の種類に応じ，適正な溶接法及び溶接材

料により溶接されたものでなければならない。

(3)　構造等

　①　機関は，振動等による過大な応力が発生することのない適正な構造を有するものであり，かつ，その使用目的に応じ，適正な強度を有するものでなければならない。

　②　機関は，その使用目的に応じ，適正な工作が施されたものでなければならない。

　③　船舶の推進のための動力を伝達する軸，軸継手及び歯車は，溶接による修理が行われていないものでなければならない。

(4)　軸の振動

　　機関の軸は，その使用回転数の範囲内において著しいねじり振動その他の有害な振動が生じないように適当な措置が講じられたものでなければならない。

(5)　軸心の調整

　　船舶の推進のための動力を伝達する軸の軸心は，軸の折損，軸受の破損その他の故障が生じないように調整されたものでなければならない。

(6)　防熱措置等

　①　機関の高温部分は，火災の発生を防止し，又は取扱者に対する危険を防止するための防熱措置その他の適当な措置が講じられたものでなければならない。

　②　機関は，騒音ができる限り発生しない構造のものであり，かつ，騒音ができる限り発生しないように据え付けられたものでなければならない。

　③　人の健康に障害を与えるおそれのあるガス又は火災を発生するおそれのあるガスを発生し，又は移送する機関は，これらのガスが漏れない構造のものであり，かつ，通風の良好な場所に設けられたものでなければならない。

(7)　燃料油常用タンク

① 船舶の推進に関係のある機関は，使用する燃料油の種類ごとに2以上の燃料油常用タンクを備え付けたものでなければならない。

② 燃料油常用タンクは，そのうちの1の燃料油常用タンクから燃料を供給することができなくなった場合においても，船舶の推進に関係のある機関に対し十分に燃料を供給することができるものでなければならない。

(8) 故障時のための措置

① 船舶の推進に関係のある機関は，当該機関に故障が生じた場合においても船舶の推進力を保持し，又は速やかに回復する措置ができる限り講じられたものでなければならない。

② 船舶の推進に関係のある機関は，手動によっても始動することができるものでなければならない。

(9) 動揺状態等における作動

機関は，管海官庁の指示する範囲の動揺状態又は傾斜状態において作動することができるものでなければならない。

(10) 操作等

機関は，その操作，保守及び検査が容易に，かつ，確実にできるものでなければならない。

3. 原動機

(1) 通　則

① 始　動

原動機は，連続始動ができるものでなければならない。

② 潤滑油の供給

原動機は，その正常な作動に必要な潤滑油が供給されるものでなければならない。

③ 調速機

原動機は，有効な調速機を備え付けたものでなければならない。

④ 非常停止

イ　原動機は，非常の際に容易に手動により停止することができるもの

でなければならない。

　ロ　通風用送風機，燃料油ポンプ又は貨物油ポンプを駆動する原動機は，その設置場所の外部においても停止することができるものでなければならない。

⑤　船舶の後進力

　　主機は，逆回転により，最大前進速力で航行している船舶を合理的な距離内で停止させる後進力を船舶に与えることができるものでなければならない。ただし，主機の動力を当該後進力に代えることができる逆転装置又は可変ピッチプロペラを有する船舶の主機については，この限りでない。

(2)　内燃機関

①　始動装置

　イ　内燃機関の始動用空気マニホルドは，自己逆転式の内燃機関にあっては各シリンダの始動弁又は始動弁に近接した箇所に，シリンダからの火炎の逆流を防止するための装置を備え付けたものでなければならない。

　ロ　圧縮空気により始動する内燃機関であって主機として用いるものの始動装置は，通常使用する空気タンク及び当該空気タンクに速やかに充気することができる独立動力により駆動される空気圧縮機のほかに，予備の空気タンク及び当該予備の空気タンクに速やかに充気することができる動力により駆動される空気圧縮機を備え付けたものでなければならない。

②　燃料油装置

　イ　内燃機関の燃料噴射管の継手は，溶接継手又はユニオン継手でなければならない。

　ロ　内燃機関の燃料噴射管は，漏油による火災の発生を防止するために有効に被覆されたものでなければならない。

③　潤滑油装置

イ　強制潤滑方式の内燃機関の潤滑油装置は，潤滑油の流動状況を確認するための装置又は圧力計を適当な位置に備え付けたものでなければならない。

ロ　排気タービン過給機の潤滑油装置は，当該排気タービン過給機からの吐出空気中に潤滑油が吸い込まれない構造のものでなければならない。

④　冷却装置

イ　当該内燃機関を均等に，かつ，十分に冷却することができるものであること。

ロ　冷却水又は冷却油は，冷却すべき部分のできる限り高い位置から排出できるものであること。

ハ　冷却水又は冷却油の排出管に温度計を備え付けたものであること。

⑤　過圧の防止等

イ　内燃機関のシリンダは，シリンダ内の過圧を防止するための逃がし弁を備え付けたものでなければならない。

ロ　内燃機関のクランク室は，クランク室内の爆発による過圧を防止するための逃がし弁を備え付けたものでなければならない。

ハ　内燃機関の掃気室は，掃気室内の過圧を防止するための逃がし弁及び掃気室内で発生する火災を消火するための装置を備え付けたものでなければならない。

⑥　安全装置

イ　強制潤滑方式の内燃機関は，潤滑油供給圧力が低下した場合に警報を発する装置を備え付けたものでなければならない。

ロ　内燃機関の回転速度が異常に上昇した場合及び潤滑油供給圧力が異常に低下した場合（強制潤滑方式の内燃機関に限る。）に自動的に燃料の供給を遮断し，かつ，警報を発する装置を備え付けたものでなければならない。

(3)　蒸気タービン

① 潤滑油装置

　　主機として用いる蒸気タービンであって専ら独立動力ポンプにより潤滑油が供給されるもの（重力タンクを経由して潤滑油が供給されるものを除く。）は，当該独立動力ポンプが停止した場合において，引き続き当該蒸気タービンに適当な量の潤滑油を自動的に供給することができる非常用潤滑油供給装置を備え付けたものでなければならない。

② こし器等

　イ　主機として用いる蒸気タービンは，タービン又は操縦弁の蒸気入口にこし器を備え付けたものでなければならない。

　ロ　蒸気タービンの抽気管は，逆止め弁を備え付けたものでなければならない。

③ 安全装置

　・次に掲げる場合に警報を発する装置を備え付けたものでなければならない。

　イ　潤滑油供給圧力が低下した場合（強制潤滑方式の蒸気タービンに限る。）

　ロ　蒸気出口における蒸気の圧力が異常に上昇した場合

　・次に掲げる場合に自動的に前進蒸気管への蒸気の供給を遮断し，かつ，警報を発する装置を備え付けたものでなければならない。

　イ　回転速度が異常に上昇した場合

　ロ　潤滑油供給圧力が異常に低下した場合（強制潤滑方式の蒸気タービンに限る。）

　ハ　コンデンサ内の圧力が異常に上昇した場合（主機として用いる蒸気タービンに限る。）

(4) ガスタービン

　① 始動装置

　　イ　ガスタービンの始動装置は，始動時において，異常な燃焼その他の障害が生じないものでなければならない。

　　ロ　電気により始動するガスタービンであって主機として用いるものの
　　　始動装置は，予備の蓄電池を備え付けたものでなければならない。
　② 安全装置
　・次に掲げる場合に警報を発する装置を備え付けたものでなければなら
　ない。
　　イ　潤滑油供給圧力が低下した場合（強制潤滑方式のガスタービンに限
　　　る。）
　　ロ　燃料油供給圧力が低下した場合
　　ハ　ガスの温度が異常に上昇した場合
　・次に掲げる場合に自動的に燃料の供給を遮断し，かつ，警報を発する
　装置を備え付けたものでなければならない。
　　イ　回転速度が異常に上昇した場合
　　ロ　潤滑油供給圧力が異常に低下した場合（強制潤滑方式のガスタービ
　　　ンに限る。）
　　ハ　自動始動に失敗した場合（自動始動装置を備えるガスタービンに限
　　　る。）
　　ニ　火炎が消失した場合
　　ホ　異常な振動が生じた場合
　③ 給電停止後の再始動
　　主機として用いるガスタービンは，一時的な給電の停止により停止し
　た場合に，再給電されることにより直ちに再始動することができる状態
　となるものでなければならない。
4.　動力伝達装置及び軸系
　(1)　警報装置
　　主機の動力を伝達する動力伝達装置又は軸系であって強制潤滑方式によ
　り潤滑油が供給されるものは，潤滑油供給圧力が低下した場合に警報を発
　する装置を備え付けたものでなければならない。
　(2)　クラッチ又は逆転装置の作動装置

　主機の動力を伝達する動力伝達装置であって油圧ポンプ，空気圧縮機その他の機械が発生する力により作動するクラッチ又は逆転装置を有するものは，当該クラッチ又は逆転装置を作動する力を発生する通常使用する油圧ポンプ等のほかに，当該油圧ポンプ等が故障し，又は停止した場合において，直ちにその機能を代替することができる予備の油圧ポンプ等を備え付けたものでなければならない。ただし，当該通常使用する油圧ポンプ等が故障し，又は停止した場合において，手動により当該クラッチ又は逆転装置を作動させることができる動力伝達装置については，この限りでない。

(3)　船尾管装置等

　船尾管装置その他軸が船舶の外板を貫通する部分に備え付ける装置であって潤滑のために油を使用するものは，漏油を防止するための措置が講じられたものでなければならない。

(4)　支面材

　船尾管後端部及び張出軸受内面上部と軸とのすき間は，軸に過大な曲げ応力が生じないように支面材が調整されたものでなければならない。

(5)　海水に接する軸

　プロペラ軸，船尾管内にある中間軸その他海水に接触する軸は，腐食を防止するための措置が講じられたものでなければならない。

(6)　継　手

　過大な曲げ応力が生じるおそれのある軸の継手は，たわみ継手としなければならない。

(7)　プロペラ

　プロペラは，プロペラ軸に堅固に取り付けられたものでなければならない。

5.　ボイラ及び圧力容器

(1)　給水止め弁

　ボイラは，その給水管のボイラとの取付部に近接した箇所に給水止め弁を備え付けたものでなければならない。

(2)　蒸気止め弁

　　ボイラは，その蒸気取出管のボイラとの取付部に近接した箇所に蒸気止め弁を備え付けたものでなければならない。

(3)　吹出し弁

　　ボイラは，船外に通じる吹出し管を接続した吹出し弁であってスケールその他のボイラ内部の付着物を有効に排出することができるものをボイラ胴に取り付けたものでなければならない。

(4)　計測装置

　　ボイラは，ボイラ胴の蒸気取出口の圧力を計測するための圧力計測装置を備え付けたものでなければならない。

(5)　過圧の防止

　　ボイラは，船外に通じる排気路を接続した2個以上の安全弁であってこれらの安全弁により内部圧力が制限気圧（ボイラ及びこれに付属する装置のそれぞれの強度上許容し得る圧力値のうちの最小値をいう。）を超えた場合に内部圧力を制限気圧以下とすることができるものをボイラ胴に備え付けたものでなければならない。

(6)　安全装置

　①　一定の水位を保つように設計されているボイラは，水位が当該水位より低下した場合（主機として用いる蒸気タービンに蒸気を供給する水管式ボイラにあっては，水位が当該水位より上昇し，又は低下した場合）に警報を発する装置を備え付けたものでなければならない。

　②　ボイラは，次に掲げる場合に自動的に燃料の供給を遮断し，かつ，警報を発する装置を備え付けたものでなければならない。

　　イ　ボイラ水が不足した場合

　　ロ　自動点火に失敗した場合（自動点火装置を備えるボイラに限る。）

　　ハ　火炎が消失した場合

　　ニ　送風が停止した場合

6.　補機及び管装置

(1)　通　則

① 管装置の分離

イ　燃料油管装置，潤滑油管装置，清水管装置及びビルジ管装置は，それぞれ他の管装置と独立したものでなければならない。

ロ　上記イの管装置以外の管装置は，その使用目的に応じ，できる限り他の管装置と独立したものとしなければならない。

② 配　置

イ　補機及び管装置の継手部その他漏えいのおそれのある部分は，発電機，配電盤，制御器その他の電気設備に近接した場所に設けてはならない。ただし，漏えいを防止するための措置等を講じた場合は，この限りでない。

ロ　油に係る補機及び管装置の設置場所は，ボイラその他高熱となるものからできる限り離れた場所としなければならない。

ハ　加圧し，かつ，加熱して用いられる油に係る補機及び管装置の設置場所は，破損及び漏油をできる限り容易に発見することができる場所としなければならない。

ニ　油管装置及び清水管装置は，それぞれ清水タンク内及び油タンク内に設けてはならない。

ホ　引火性を有するガスを発生する貨物に係る補機及び管装置は，燃料油タンク内及びガス爆発の原因となるおそれのある機関又は電気設備を備え付けた区画室内に設けてはならない。

③ 保　護

損傷を受けやすい場所に設けられる補機及び管装置並びに危険物（危険物船舶運送及び貯蔵規則に規定する危険物）に係る補機及び管装置は，損傷の防止のための措置が講じられたものでなければならない。

④ 予備の補機

船舶の推進に関係のある補機であって次に掲げるものは，通常使用する補機のほかに，当該補機が故障し，又は停止した場合において，直ち

にその機能を代替することができる予備の補機がなければならない。ただし，当該通常使用する補機が故障し，又は停止した場合においても引き続き適当な推進力を得ることができる船舶については，この限りでない。

　　イ　燃料油又は潤滑油を供給するポンプ

　　ロ　燃料油の加熱器

　　ハ　冷却水又は冷却油を供給するポンプ

　　ニ　ボイラ水を供給するポンプ

　　ホ　蒸気タービンのコンデンサのポンプ及び真空装置

　　ヘ　機関の制御に用いる空気圧縮機，空気タンク及び油圧ポンプ

(2)　タンカーの補機及び管装置

　　貨物油ポンプ

　　イ　貨物，貨物油タンク及び貨物油タンクに隣接するバラストタンクの水バラスト，貨物油タンクに隣接するコファダム及びポンプ室のビルジ並びに貨物油タンクの洗浄水の移送以外の用途に使用されないものであること。

　　ロ　貨物油ポンプの吐出圧力を計測するための圧力計測装置であって当該貨物油ポンプの設置場所に指示計を有するものを備え付けたものであること。

7.　機関の制御

(1)　制御装置

　① 機関の始動及び停止その他の機関の作動のために必要な操作を容易に，かつ，確実に行うことができるものであること。

　② 設置場所の温度及び湿度の変化，動揺，傾斜，振動並びに動力源の変動によりその性能に支障を生じないものであること。

　③ 当該装置の一部又は当該装置の動力源に故障を生じた場合においても，機関の損傷又は当該装置の取扱者に対する危険を生じないように適切な措置が講じられたものであること。

　④ 当該装置の動力源のうちの1が故障した場合においても，機関の作動

のために必要な操作を行うことができるものであること。

(2) 自動制御装置

　自動制御の機能を有する制御装置は上記(1)の規定によるほか，次に掲げる基準に適合するものでなければならない。

① あらかじめ設定された機関の作動状態を自動的に保持することができるものであること。

② 異常が生じた場合に警報装置の作動，機関の停止その他の機関の損傷を防止するための措置を講じることができるものであること。

③ 自動制御の機能を手動で解除することができるものであること。

(3) 遠隔制御装置

① 遠隔制御の機能を有する制御装置は上記(1)の規定によるほか，次に掲げる基準に適合するものでなければならない。

　イ 遠隔制御を行う場所において，機関の始動及び停止その他の機関の作動のために必要な操作を容易に，かつ，確実に行うことができるものであること。

　ロ 遠隔制御の機能を手動で解除することができるものであること。

② 主機の遠隔制御装置は，次に掲げる基準に適合するものでなければならない。

　イ プロペラ軸の回転方向（可変ピッチプロペラにあっては，プロペラの翼角）及び回転数を制御することができるものであること。

　ロ 2以上のプロペラを有する船舶にあっては，当該プロペラに連結された主機を独立に制御できるものであること。

　ハ 始動に圧縮空気を必要とする主機の遠隔制御装置にあっては，当該主機の設置場所において当該主機を始動するために十分な始動用空気の圧力を確保するための措置が講じられたものであること。

　ニ 故障により遠隔制御を行うことができない場合に遠隔制御を現に行っている場所において警報を発する装置が備え付けられたものであること。

　　ホ　非常の際に主機を停止するための非常停止系統であって次に掲げる
　　　基準に適合するものを有するものであること。
　　　（i）遠隔制御系統から独立したものであること。
　　　（ii）当該非常停止系統の操作装置は，誤った操作を防止するための措
　　　　置が講じられたものであること。
8.　機関区域無人化船の機関
　(1)　機関区域無人化船
　　①　機関区域に船員が配置されない状態において連続して安全に作動する
　　　推進機関を有するものであること。
　　②　船舶の推進に関係のある補機を2台以上備え付ける場合には，当該補
　　　機の1台に異常が生じた場合に他の補機に自動的に切り換える装置を備
　　　え付けたものであること。
　　③　主機の遠隔制御装置は，船橋において上記(3)②のイ及びロの制御を行
　　　うことができること。
　　④　ボイラは，自動制御装置が講じられたものであること。
　　⑤　船舶の推進に関係のある補機は，自動制御装置が講じられたものであ
　　　ること。
　(2)　主機の始動空気圧力
　　　始動に圧縮空気を必要とする主機の始動用空気の圧力は，自動的に保持
　　されるものでなければならない。
9.　備　　品
　　　船舶には，当該船舶に備え付ける機関の種類，用途及び数量に応じ，当該機
　関の保守及び船舶内において行う軽微な修理に必要となる予備の部品，測定器
　具及び工具を機関室内又は船舶内の適当な場所に備え付けなければならない。

§4.　危険物船舶運送及び貯蔵規則

1.　分　　類
　　　危険物の分類は，次に掲げるものをいう。

(1)　火薬類

(2)　高圧ガス

(3)　引火性液体類

(4)　可燃性物質類

(5)　酸化性物質類

(6)　毒物類

(7)　放射性物質等

(8)　腐食性物質

(9)　有害性物質

2.　持込みの制限

(1)　運送又は貯蔵をするために持ち込む場合，告示で定める危険物を船長の許可を受けて持ち込む場合等を除き，常用危険物以外の危険物を船舶に持ち込んではならない。

(2)　船長は，船内への持込みの許可をするにあたり，当該危険物の容器，包装及び積載場所について必要な指示をすることができる。

3.　工事等

(1)　火薬類を積載し，又は貯蔵している船舶においては，工事（溶接，リベット打その他火花又は発熱を伴う工事をいう。）をしてはならない。

(2)　火薬類以外の危険物又は引火性若しくは爆発性の蒸気を発する物質を積載し，又は貯蔵している船倉若しくは区画又はこれらに隣接する場所においては，工事をしてはならない。

(3)　火薬類，可燃性物質類又は酸化性物質類を積載し，若しくは貯蔵していた船倉又は区画において工事をする場合は，工事施行者は，あらかじめ，当該危険物の残渣による爆発又は火災のおそれがないことについて船舶所有者又は船長の確認を受けなければならない。

(4)　引火性液体類又は引火性若しくは爆発性の蒸気を発する物質を積載し，若しくは貯蔵していた船倉若しくは区画又はこれらに隣接する場所においては，ガス検定を行い，船舶所有者又は船長の確認を受けた場合を除き，

工事，清掃その他の作業を行ってはならない。

§5.　漁船特殊規程
消防設備
(1)　消火ポンプ

一般漁船には，総トン数 1000 トン以上のものにあっては 2 個，総トン数 100 トン以上 1000 トン未満のものにあっては 1 個の消火ポンプを備え付けなければならない。

(2)　内燃機関のある場所における消防設備

総トン数 100 トン以上 500 トン未満の一般漁船には 2 個，総トン数 100 トン未満の一般漁船にあっては 1 個の持運び式の泡消火器，鎮火性ガス消火器又は粉末消火器を備え付け，さらに機関の出力 750 kW 又はその端数ごとに 1 個の持運び式の泡消火器を備え付けなければならない。ただし，持運び式の消火器は，当該消火器 1 個につき簡易式の消火器 2 個をもって代えることができる。

(3)　居住区域及び業務区域における消防設備

一般漁船の総トン数に応じ，居住区域及び業務区域に適当に分散して配置しなければならない持運び式の消火器の数は，次のとおりである。ただし，総トン数 500 トン以上の一般漁船には，塗料庫の出入口付近の外部に持運び式の泡消火器，鎮火性ガス消火器又は粉末消火器のいずれか 1 個を備え付けなければならない。

1000トン以上	5 個
500トン以上 1000トン未満	4 個
500トン未満	3 個

§6.　海上における人命の安全のための国際条約等による証書に関する省令
この省令において「安全条約」とは，1974 年の海上における人命の安全のための国際条約を，「国際満載喫水線条約」とは，1966 年の満載喫水線に関する国

際条約を,「汚染防止条約」とは, 1973 年の船舶による汚染の防止のための国際条約に関する 1978 年の議定書を,「有害防汚方法規制条約」とは, 2001 年の船舶の有害な防汚方法の規制に関する国際条約をいう。

1. 条約証書の交付

　　国際航海に従事する船舶（推進機関を有しない船舶を除く。）であって次の各項に掲げる船舶の所有者は, 管海官庁からそれぞれの条約証書の交付を受けなければならない。

(1) 旅客船　旅客船安全証書

(2) 原子力旅客船　原子力旅客船安全証書

(3) (7)に掲げる船舶を除く総トン数 500 トン以上の貨物船　貨物船安全構造証書, 貨物船安全設備証書及び貨物船安全無線証書又は貨物船安全証書

(4) 総トン数 300 トン以上 500 トン未満の貨物船　貨物船安全無線証書

(5) 照射済核燃料等運送船　国際照射済核燃料等運送船適合証書

(6) 液化ガスばら積船　国際液化ガスばら積船適合証書

(7) 液体化学薬品ばら積船　国際液体化学薬品ばら積船適合証書

(8) 高速船　高速船安全証書及び高速船航行条件証書

　　(注)　管海官庁とは, 次のものをいう。

　　　① 原子力船及び核燃料物質等を運送する船舶は, 国土交通大臣

　　　② ①を除く本邦にある船舶は, その所在地を管轄する地方運輸局長

　　　③ ①を除く本邦外にある船舶は, 関東運輸局長

2. 免除証書の交付

　　国際航海に従事する船舶（推進機関を有しない船舶を除く。）であって次の各項に掲げる船舶の所有者は, それぞれに掲げる場合に管海官庁から免除証書の交付を受けなければならない。

(1) 旅客船又は総トン数 500 トン以上の貨物船　船舶設備規程, 漁船特殊規程, 船舶区画規程, 船舶機関規則, 危険物船舶運送及び貯蔵規則, 船舶救命設備規則, 船舶消防設備規則又は船舶防火構造規則の定めた条約証書の要件の一部又は全部を免除されたとき。

(2)　旅客船又は総トン数 300 トン以上の貨物船　臨時航行許可証の交付を受け，又は臨時に短期間無線電信等を設置しないことを許可されたとき。

3.　満載喫水線証書の交付

　　旅客船又は貨物船であって，国際航海に従事する長さ 24 m 以上の船舶（条約適用船という。）の所有者は，申請により国際満載喫水線証書の交付を受けなければならない。

4.　国際満載喫水線免除証書の交付

　　条約適用船であって次の各項に掲げる船舶の所有者は，国際満載喫水線免除証書の交付を受けなければならない。

(1)　潜水船，満載喫水線を表示する必要がないと認める船舶（水中翼船，エアクッション艇など）及び臨時航行許可証の交付を受けた船舶

(2)　船舶設備規程，満載喫水線規則又は船舶構造規則に定められた国際満載喫水線証書の要件の一部又は全部を免除された船舶

5.　証書の交付申請

　　条約証書の交付を受けようとする者は，条約証書交付等申請書に次の書類を添えて，管海官庁に提出しなければならない。

(1)　船舶検査証書及び船舶検査手帳又は臨時航行許可証及び船舶検査手帳

(2)　海洋汚染等防止証書及び海洋汚染等防止検査手帳又は臨時海洋汚染等防止証書及び海洋汚染等防止検査手帳

(3)　電波法の免許状の写し又は無線検査簿

第 5 節　検疫法及びこれに基づく命令

1.　目　的

　　国内に常在しない感染症の病原体が船舶又は航空機を介して国内に侵入することを防止するとともに，船舶又は航空機に関してその他の感染症の予防に必要な措置を講ずることを目的とする。

2.　検疫感染症

(1)　感染症の予防及び感染症の患者に対する医療に関する法律に規定する一類感染症（エボラ出血熱，クリミア・コンゴ出血熱，痘そう，南米出血熱，ペスト，マールブルグ病及びラッサ熱）

(2)　感染症の予防及び感染症の患者に対する医療に関する法律に規定する新型インフルエンザ等感染症

(3)　(1)及び(2)に掲げるもののほか，国内に常在しない感染症のうちその病原体が国内に侵入することを防止するためその病原体の有無に関する検査が必要なものとして政令で定めるもの

　　新型コロナウイルス感染症が[*6]政令により検疫感染症以外の感染症の種類として指定された（指定感染症）。指定感染症の指定は，原則1年（1年延長により最長2年まで）である。

3.　検疫の義務

　　外国から来航した船舶は，検疫を受けなければならない。つまり，検疫を受けた後でなければ，船舶を国内の港に入れることができず，また，何人も，当該船舶から上陸し，又は物を陸揚げすることもできない。

4.　検疫信号

　　船舶の長は，次の場合には，厚生労働省令の定めるところにより，検疫信号を掲げなければならない。

(1)　検疫を受けるため船舶を検疫区域又は検疫所長の指示する場所に入れた時から，検疫済証又は仮検疫済証の交付を受けるまでの間

(2)　船舶が港内に停泊中に，仮検疫済証が失効し，又は失効の通知を受けた時から，船舶を港外に退去させ，又は更に検疫済証若しくは仮検疫済証の交付を受けるまでの間

　　検疫信号は，船舶の前しょう頭その他見やすい場所に，昼間においては黄色の方旗を掲げ，夜間においては紅白2灯を，紅灯を上白灯を下にして連掲するものとする。

---

*6　新型コロナウイルス感染症を検疫法第34条第1項の感染症の種類と指定する等の政令

第6節　国際条約の概要

§1.　海上における人命の安全のための国際条約（SOLAS 条約）

　現在の条約は，船舶に関する技術革新及び安全基準強化に対応するための迅速な改正を可能とするなどの修正を加えた1974年条約であり，締約政府は，海上における人命の安全を増進することを希望し，合意により画一的な原則及び規則を設定し，協定したものである。その後30回以上にわたり改正を経ているが，最近では2001年のアメリカ同時多発テロを契機に2002年に改正が行われ，テロ対策として港湾関連施設についても侵入防止等の保安対策を強化することが義務付けられている。

1.　一般的義務
　(1)　締約政府は，この条約（附属書を含む。）を実施することを約束する。
　(2)　締約政府は，人命の安全の見地から船舶がその予定された用途に適合することを確保するため，この条約の十分かつ完全な実施に必要な法令の制定その他の措置をとることを約束する。
2.　適　用
　　この条約は，その政府が締約政府である国を旗国とする船舶に適用する。
3.　附属書の構成
　　第1章　一般規定
　　第2−1章　構造（区画及び復原性並びに機関及び電気設備）
　　第2−2章　構造（防火並びに火災探知及び消火）
　　第3章　救命設備
　　第4章　無線通信
　　第5章　航行の安全
　　第6章　貨物の運送
　　第7章　危険物の運送（国際海上危険物規程＝IMDG コード）
　　第8章　原子力船

第9章　船舶の安全運航の管理（国際安全管理コード＝ISMコード）

第10章　高速船の安全措置（高速船コード＝HSCコード）

第11−1章　海上の安全性を高めるための特別措置

第11−2章　海上の保安を高めるための特別措置（船舶及び港湾施設の保安の国際コード＝ISPSコード）

第12章　ばら積み貨物船のための追加的安全措置

この条約に対応する主な国内法令は，船員法，船舶安全法及び国際航海船舶及び国際港湾施設の保安の確保等に関する法律並びにこれらに基づく命令である。

§2.　船員の訓練及び資格証明並びに当直の基準に関する国際条約（STCW条約）（第1章第2節参照）

この条約の締約国は，この条約を設定することにより，海上における人命及び財産の安全を増進すること並びに海洋環境の保護を促進することを目的としたものである。

1.　適　用

　　この条約は，締約国を旗国とする海上航行船舶において業務を行う船員に適用し，次の船舶において業務を行う船員には適用しない。

(1)　軍艦，軍の補助艦又は国の所有し若しくは運航する他の船舶で政府の非商業的業務にのみ従事するもの

(2)　漁船

(3)　運送業に従事しない遊覧ヨット

(4)　原始的構造の木船

2.　附属書の構成

第1章　一般規定

第2章　船長及び甲板部

第3章　機関部

第4章　無線通信及び無線通信要員

第 5 章　特定の種類の船舶の乗組員に対する特別な訓練の要件

第 6 章　非常事態，職業上の安全，医療及び生存に関する職務細目

第 7 章　選択的資格証明

第 8 章　当直

　この条約に対応する主な国内法令は，船員法，船舶職員及び小型船舶操縦者法並びにこれらに基づく命令であり，航海当直については，船員法施行規則の規定に基づき「航海当直基準」の告示を定めている。

§3.　船舶による汚染の防止のための国際条約（MARPOL 73/78 条約）

　この条約は，人間の環境，特に海洋環境を保護する必要から船舶などから油その他の有害物質による意図的な海洋環境の汚染を完全になくすこと及び事故による油その他の有害物質の排出を最小にすることを目的とし，1954 年に採択された油による海水の汚濁の防止のための国際条約を基に，油のみを規制の対象としていたものから，近年におけるタンカーの大型化，油以外の有害な物質の海上輸送量の増大等を背景として「1973 年の船舶による汚染の防止のための国際条約」が採択され，さらに「1973 年の船舶による汚染の防止のための国際条約に関する 1978 年の議定書」が発効した。

　この MARPOL 73/78 条約は，油による汚染にのみ限定されない広範な内容を有するもので，条約本文と 6 つの附属書により構成され，海洋汚染防止のための船舶の構造，設備の規制，検査の実施等を含み，船舶の活動に起因する海洋汚染防止のための包括的な規制を目的としたものであったが，MARPOL 73/78の議定書によって修正された同条約を改正する 1997 年の議定書（第二議定書という。）により，附属書VI（船舶からの大気汚染の防止のための規則）が追加された。

附属書 I　油による汚染の防止のための規則

附属書 II　ばら積みの有害液体物質による汚染の規制のための規則

附属書III　容器に収納した状態で海上において運送される有害物質による汚染の防止のための規則

附属書IV　船舶からの汚水による汚染の防止のための規則

附属書V　船舶からの廃物による汚染の防止のための規則

附属書VI　船舶からの大気汚染の防止のための規則

　この条約に対応する主な国内法令は，海洋汚染等及び海上災害の防止に関する法律及びこれに基づく命令である。

§4. 2004年の船舶のバラスト水及び沈殿物の規制及び管理のための国際条約（船舶バラスト水規制管理条約）

　この条約は，船舶のバラスト水に含まれる水生生物が，バラスト水を介して本来の生息地ではない海域に移入・繁殖することによる生態系への悪影響を防止するため，2004年に国際海事機関において採択され，2017年9月8日に発効した。国内法である「海洋汚染等及び海上災害の防止に関する法律」の第3章の2（船舶からの有害水バラストの排出の規制等）に必要事項が規定されている。

索　引

きかんかしごきゅうしつむいっぱん
機関科四・五級執務一般　3訂版　　　　定価は表紙に表示してあります。

2009年11月28日　新訂初版発行
2021年9月8日　3訂初版発行

編　者　海技教育研究会
かいぎきょういくけんきゅうかい
発行者　小　川　典　子
印　刷　亜細亜印刷株式会社
製　本　東京美術紙工協業組合

発行所蠶成山堂書店
〒160-0012　東京都新宿区南元町4番51　成山堂ビル
TEL: 03(3357)5861　FAX: 03(3357)5867
URL　http://www.seizando.co.jp
落丁・乱丁本はお取り換えいたしますので, 小社営業チーム宛にお送りください。

©2021 海技教育研究会
Printed in Japan　　　　　ISBN978-4-425-61220-8

❖航　海❖

書名	著者	価格	書名	著者	価格
ブリッジチームマネジメント −実践航海術−	萩原・山本監修 BTM研究会訳	2,800円	航海計器シリーズ①基礎航海計器(改訂版)	米沢著	2,400円
ブリッジ・リソース・マネジメント	廣澤訳	3,000円	航海計器シリーズ②新訂 ジャイロコンパスと増補 オートパイロット	前畑著	3,800円
航海学(上)(6訂版)	辻著	4,000円	航海計器シリーズ③電波計器(5訂増補版)	西谷著	4,000円
航海学(下)(5訂版)	辻著	4,000円	舶用電気・情報基礎論	若林著	3,600円
航海学概論(改訂版)	鳥羽商船高専ナビゲーション技術研究会編	3,200円	詳説 航海計器(改訂版)	若林著	4,500円
航海応用力学の基礎(3訂版)	和田著	3,800円	航海当直用レーダープロッティング用紙	航海技術研究会編著	2,000円
実践航海術	関根監修	3,800円	操船通論(8訂版)	本田著	4,400円
海事一般がわかる本(改訂版)	山崎著	3,000円	操船の理論と実際	井上著	4,400円
天文航法のABC	廣野著	3,000円	操船実学	石畑著	5,000円
平成19年練習用天測暦	航技研編	1,500円	曳船とその使用法(2訂版)	山縣著	2,400円
平成27年練習用天測暦	航技研編	1,500円	船舶通信の基礎知識(2訂版)	鈴木著	2,800円
初心者のための海図教室(3訂増補版)	吉野著	2,200円	旗と船舶通信(6訂版)	三谷・古藤共著	2,400円
四・五・六級航海読本	及川著	3,600円	大きな図で見るやさしい実用ロープ・ワーク	山﨑著	2,400円
四・五・六級運用読本	藤井・野間共著	3,600円	ロープの扱い方・結び方	堀越・橋本共著	800円
船舶運用学のABC	和田著	3,400円	How to ロープ・ワーク	及川・石井・亀田 共著	1,000円
魚探とソナーとGPSとレーダーと舶用電子機器の極意(改訂版)	須磨著	2,500円			
新版電波航法	今津・榲野共著	2,600円			

❖機　関❖

書名	著者	価格	書名	著者	価格
機関科一・二・三級執務一般	細井・佐藤・須藤共著	3,600円	なるほど納得!パワーエンジニアリング(基礎編)(応用編)	杉田著	3,200円 4,500円
機関科四・五級執務一般(2訂版)	海教研編	1,800円	ガスタービンの基礎と実際(3訂版)	三輪著	3,800円
機関学概論(改訂版)	大島商船高専マリンエンジニア育成会編	2,600円	制御装置の基礎(3訂版)	平野著	3,800円
機関計算問題の解き方	大西著	5,000円	ここからはじめる制御工学	伊藤監修章著	2,600円
機関算法のABC	折目・升田共著	2,800円	舶用補機の基礎(8訂版)	重川・島田・佐藤共著	5,200円
舶用機関システム管理	中井著	3,500円	舶用ボイラの基礎(6訂版)	西野・角田共著	5,600円
初等ディーゼル機関(改訂増補版)	黒沢著	3,400円	船舶の軸系とプロペラ	石原著	3,000円
舶用ディーゼル機関教範	長谷川著	3,800円	新訂金属材料の基礎	長崎著	3,800円
舶用エンジンの保守と整備(5訂版)	藤田著	2,400円	金属材料の腐食と防食の基礎	世利著	2,800円
小形船エンジン読本(3訂版)	藤田著	2,400円	わかりやすい材料学の基礎	菱田著	2,800円
初心者のためのエンジン教室	山田著	1,800円	最新燃料油と潤滑油の実務(3訂版)	冨田・磯山佐藤共著	4,400円
蒸気タービン要論	角田著	3,600円	エンジニアのための熱力学	刑部監修角田・川原共著	3,400円
詳説舶用蒸気タービン(上)(下)	古川・杉田共著	9,000円 9,000円	Case Studies: Ship Engine Trouble	NYK LINE Safety & Environmental Management Group	3,000円

■航海訓練所シリーズ（海技教育機構編著）

帆船　日本丸・海王丸を知る		1,800円	読んでわかる　三級航海　運用編(改訂版)	3,500円
読んでわかる　三級航海　航海編(改訂版)		4,000円	読んでわかる　機関基礎(改訂版)	1,800円